8 応用化学シリーズ

化学熱力学

佐々木幸夫
沓水祥一
藤尾克彦
岩橋槇夫
佐々木義典
・・・・・・・・・・[著]

朝倉書店

応用化学シリーズ代表

佐々木義典　千葉大学名誉教授

第8巻執筆者

佐々木幸夫　東京工芸大学工学部生命環境科学科教授
沓水祥一　岐阜大学工学部応用化学科教授
藤尾克彦　東海大学理学部化学科准教授
岩橋槇夫　北里大学理学部化学科教授
佐々木義典　千葉大学名誉教授

『応用化学シリーズ』発刊にあたって

　この応用化学シリーズは，大学理工系学部2年・3年次学生を対象に，専門課程の教科書・参考書として企画された．

　教育改革の大綱化を受け，大学の学科再編成が全国規模で行われている．大学独自の方針によって，応用化学科をそのまま存続させている大学もあれば，応用化学科と，たとえば応用物理系学科を合併し，新しく物質工学科として発足させた大学もある．応用化学と応用物理を融合させ境界領域を究明する効果をねらったもので，これからの理工系の流れを象徴するもののようでもある．しかし，応用化学という分野は，学科の名称がどのように変わろうとも，その重要性は変わらないのである．それどころか，新しい特性をもった化合物や材料が創製され，ますます期待される分野になりつつある．

　学生諸君は，それぞれの専攻する分野を究めるために，その土台である学問の本質と，これを基盤に開発された技術ならびにその背景を理解することが肝要である．目まぐるしく変遷する時代ではあるが，どのような場合でも最善をつくし，可能な限り専門を確かなものとし，その上に理工学的センスを身につけることが大切である．

　本シリーズは，このような理念に立脚して編纂，まとめられた．各巻の執筆者は教育経験が豊富で，かつ研究者として第一線で活躍しておられる専門家である．高度な内容をわかりやすく解説し，系統的に把握できるように幾度となく討論を重ね，ここに刊行するに至った．

　本シリーズが専門課程修得の役割を果たし，学生一人ひとりが志を高くもって進まれることを希望するものである．

　本シリーズ刊行に際し，朝倉書店編集部のご尽力に謝意を表する次第である．

2000年9月

シリーズ代表　佐々木義典

はじめに

　熱力学は授業で聞いている限りでは何となく理解できるが，あとで復習すると解らないということがよく聞かれる．熱力学は圧力，温度，体積などの巨視的な量の状態や性質から，熱と仕事の関係を経験的事実に基づき，その両者の相互変換を主として議論する普遍的な学問体系である．熱力学は量子力学よりも古い学問であり，17世紀の産業革命に端を発し，19世紀から20世紀の初頭にかけて完成した．最近，生命科学や地球規模で問題となっている環境・エネルギーに関する分野の研究を行う際にも熱力学は必須な学問である．

　気体分子運動論によれば，圧力や温度が分子運動といかなる関係にあるかが容易に理解できるが，集合体としての物質の状態や性質を原子や分子，いわゆる微粒子の分布ならびに確率（微視的状態の数）から明らかにし，内部エネルギーやエントロピーなどの状態量との関連を考察する分野が統計熱力学である．物質の状態や化学変化の平衡を扱うには熱力学的方法と統計熱力学的方法の両面からの検討が必要である．

　本書は主として初めて熱力学を学ぶ人たちのために，熱力学に興味をもって理解できるよう熱力学の歴史の章を設け，文章や説明をわかりやすくするように心掛け，練習問題および演習問題をかなり多く設けた．本書が読者にとって熱力学の理解に役立つことを著者一同期待してやまない．

　最後に本書の刊行に際し，朝倉書店の編集部の方々には多大なご協力をいただいた．ここに感謝申し上げる．

2011年3月

執筆者を代表して　佐々木幸夫

目　　次

1. **序　　論**………………………………………………〔佐々木幸夫〕…1
   1.1 熱力学で取り扱う系 ……………………………………………… 1
   1.2 状　態　量 ………………………………………………………… 1
   1.3 気体の性質 ………………………………………………………… 2
     1.3.1 理想気体 …………………………………………………… 2
     1.3.2 実在気体 …………………………………………………… 5
     1.3.3 ビリアル方程式 …………………………………………… 5
     1.3.4 ファン・デル・ワールス式 ……………………………… 6
   1.4 理想混合気体 ……………………………………………………… 9
   1.5 臨界現象（気体の液化）…………………………………………10
   1.6 気体分子運動論 …………………………………………………13
   演　習　問　題 …………………………………………………………15

2. **熱力学第一法則**…………………………………………〔佐々木幸夫〕…16
   2.1 熱 と 仕 事 ………………………………………………………16
   2.2 熱力学第一法則 …………………………………………………16
   2.3 状態量と完全微分 ………………………………………………18
     2.3.1 完全微分とその有用性 …………………………………18
   2.4 体積変化の仕事 …………………………………………………19
     2.4.1 準静的過程 ………………………………………………19
   2.5 定容過程と定圧過程 ……………………………………………20
   2.6 熱　容　量 ………………………………………………………22
   2.7 気体の等温体積変化と断熱体積変化 …………………………25
     2.7.1 等温体積変化 ……………………………………………25
     2.7.2 断熱体積変化 ……………………………………………26
     2.7.3 ジュール-トムソンの実験 ………………………………28

- 2.8 反応エンタルピー（反応熱）……………………………………30
- 2.9 標準生成エンタルピー（標準生成熱）……………………………31
- 2.10 反応熱の温度依存性………………………………………………33
- 演 習 問 題………………………………………………………………34

3. 熱力学第二法則……………………………………………〔沓 水 祥 一〕…36
- 3.1 エントロピー…………………………………………………………36
  - 3.1.1 自発過程と第二法則……………………………………………36
  - 3.1.2 クラウジウスによるエントロピーの定義……………………37
- 3.2 熱機関とカルノーサイクル…………………………………………39
  - 3.2.1 カルノーサイクル………………………………………………39
  - 3.2.2 第二法則のさまざまな表現の等価性…………………………43
- 3.3 エントロピーの計算…………………………………………………44
  - 3.3.1 体積変化にともなうエントロピー変化………………………44
  - 3.3.2 相転移にともなうエントロピー変化…………………………46
  - 3.3.3 温度変化にともなうエントロピー変化………………………47
- 3.4 ミクロな視点から見たエントロピー増大の意味…………………49
  - 3.4.1 ボルツマンによるエントロピーの定義………………………49
  - 3.4.2 さまざまな現象のエントロピー増大…………………………51
- 3.5 第 三 法 則……………………………………………………………51
  - 3.5.1 ネルンストの熱定理と第三法則………………………………51
  - 3.5.2 標準エントロピー………………………………………………53
  - 3.5.3 断熱消磁…………………………………………………………54
- 3.6 自由エネルギー………………………………………………………56
  - 3.6.1 ヘルムホルツエネルギーとギブズエネルギー………………56
  - 3.6.2 最大仕事…………………………………………………………57
  - 3.6.3 標準生成ギブズエネルギー……………………………………58
- 3.7 熱力学的関係式………………………………………………………60
  - 3.7.1 自由な変数とマクスウェルの関係式…………………………60
  - 3.7.2 熱力学的状態方程式……………………………………………63
  - 3.7.3 ギブズエネルギーの温度変化と圧力変化……………………64

3.8 化学ポテンシャル……………………………………………………………67
　3.8.1 部分モル量………………………………………………………………67
　3.8.2 化学ポテンシャル………………………………………………………70
　3.8.3 理想気体と実在気体の化学ポテンシャル……………………………71
　3.8.4 気体の混合………………………………………………………………72
3.9 ギブズエネルギーと平衡定数……………………………………………74
　3.9.1 化学平衡と平衡定数……………………………………………………74
　3.9.2 平衡に対する温度と圧力の影響………………………………………79
3.10 熱力学の応用：電池の熱力学……………………………〔佐々木幸夫〕…82
　3.10.1 電極電位…………………………………………………………………83
　3.10.2 電池の起電力……………………………………………………………85
　3.10.3 起電力とエンタルピー，エントロピー………………………………88
演 習 問 題…………………………………………………………………………89

4. 相平衡と溶液……………………………………………〔藤尾克彦〕…90

4.1 濃　　度……………………………………………………………………90
　4.1.1 （容量）モル濃度…………………………………………………………91
　4.1.2 質量モル濃度……………………………………………………………91
　4.1.3 モル分率…………………………………………………………………91
4.2 溶液に関する法則…………………………………………………………93
　4.2.1 ラウールの法則…………………………………………………………93
　4.2.2 理想溶液の化学ポテンシャル…………………………………………95
　4.2.3 ヘンリーの法則…………………………………………………………96
　4.2.4 束一的性質………………………………………………………………98
　4.2.5 活量と活量係数…………………………………………………………101
4.3 相律と状態図………………………………………………………………102
　4.3.1 相　律……………………………………………………………………102
　4.3.2 水の状態図………………………………………………………………104
4.4 クラペイロン-クラウジウスの式………………………………………106
　4.4.1 クラペイロン-クラウジウスの式の導出………………………………106
　4.4.2 液相-気相平衡への適用…………………………………………………107

4.4.3　固相-気相および固相-液相平衡への適用 …………………… 109
　4.5　二成分系の液相-気相平衡 ………………………………………………… 109
　　4.5.1　二成分系の状態図 …………………………………………………… 109
　　4.5.2　圧力-組成図 ………………………………………………………… 110
　　4.5.3　温度-組成図 ………………………………………………………… 112
　4.6　二成分系の液相-液相平衡 ………………………………………………… 114
　4.7　二成分系の固相-液相平衡 ………………………………………………… 116
　　4.7.1　2種類の固体が溶解し合わない系 ………………………………… 116
　　4.7.2　2種類の固体が完全に溶解し合う系 ……………………………… 117
　　4.7.3　2種類の固体が部分的に溶解し合う系 …………………………… 117
　　4.7.4　化合物ができる系 …………………………………………………… 117
　演習問題 ……………………………………………………………………………… 119

5. 統計熱力学 ……………………………………………〔岩橋槇夫〕… 120
　5.1　確率について …………………………………………………………………… 120
　5.2　微視的状態の数 ………………………………………………………………… 121
　5.3　エントロピーに関するボルツマンの関係式 ………………………………… 127
　5.4　ボルツマン分布則（ラグランジェ未定乗数法による導き方）…………… 130
　5.5　分配関数 ………………………………………………………………………… 133
　　5.5.1　縮重に対する分配関数の修正 ……………………………………… 134
　　5.5.2　縮重がある場合の微視的状態の数 ………………………………… 136
　5.6　種々熱力学関数の分配関数での表示 ……………………………………… 136
　　5.6.1　結晶などの粒子の位置により区別できる系の熱力学関数 ……… 136
　　5.6.2　区別できない粒子の系の統計熱力学 ……………………………… 139
　5.7　気体の分配関数と熱力学的状態関数 ……………………………………… 140
　　5.7.1　気体の分配関数の因数分解 ………………………………………… 140
　　5.7.2　理想気体の分配関数と熱力学関数 ………………………………… 141
　　5.7.3　直線分子の回転の分配関数と熱力学状態量 ……………………… 143
　　5.7.4　分子振動の分配関数と熱力学状態量 ……………………………… 145
　5.8　分配関数と化学平衡 ………………………………………………………… 146
　演習問題 ……………………………………………………………………………… 148

6. 熱力学発達史 〔佐々木義典〕…149
 6.1 熱力学の先駆的創始者：カルノー……………………………149
 6.2 クラペイロンの功績……………………………………………151
 6.3 熱のエネルギー説の提唱者：ランフォード伯………………152
 6.4 エネルギー保存則の最初の提唱者：マイヤー………………153
 6.5 熱と力学的仕事との等価性：ジュールの精密実験…………154
 6.6 自由エネルギーを定めたヘルムホルツおよびエネルギー保存則の定式化……………………………………………………………155
 6.7 エントロピーの提唱者：クラウジウス………………………156
 6.8 絶対温度の提唱者：ケルビン卿………………………………157
 6.9 エンタルピーおよび熱力学ポテンシャルの提唱者：ギブズ…158

付録 楽しく遊ぼう熱力学……………………………〔岩橋槙夫〕…160

演習問題解答……………………………………………………………165
参 考 文 献……………………………………………………………175
索　　引………………………………………………………………177

1
序　　論

　熱力学は圧力，温度，体積など，いわゆる巨視的（マクロ的）な量の状態や性質を基に熱と熱以外の別の形のエネルギー（たとえば仕事）との関係を取り扱う物理化学の重要な分野であり，われわれの日常生活での経験や実験の事実の理解に役立つ学問体系である．まず，熱力学を理解するための基礎となる用語や定義について述べる．

1.1　熱力学で取り扱う系

　熱力学では系（system）という用語がよく使われるが，系とはわれわれが考察や議論の対象する巨視的な部分であり，系を取り囲む部分は外界（surroundings）と呼ばれる．系は外界との間でエネルギー（熱，仕事）や物質の出入の有無によって開放系（open system），閉鎖系（closed system），孤立系（isolated system），断熱系（adiabatic system）に分けられる（表1.1）．

表1.1　系と外界の間の熱，仕事，物質の出入の有無

系	熱	仕事	物　質
開放系	○	○	○
閉鎖系	○	○	×
孤立系	×	×	×
断熱系	×	○	×

1.2　状　態　量

　系の状態の巨視的な特性（性質）を規定する量を状態量（quantity of state）といい，平衡状態（系の性質が時間によって変化しない状態）において，一義的

に定まるものである．状態量は質量，体積，熱量などのように系の分量に比例し，加成性の成立する量である示量性（extensive property）の状態量と圧力，温度，密度，モル体積などのような系の分量に無関係な量である示強性（intensive property）の状態量に分けられる．密度（単位体積当たりの質量）の定義から明らかなように，一般に示量性の状態量の比をとると示強性の状態量が得られる．どんな仕事（エネルギー）も示量性の状態量と示強性の状態量の積で表され，それぞれ容量因子（capacity factor），強度因子（intensity factor）の用語が用いられることも多い．強度因子はポテンシャル因子（potential factor）とも呼ばれる．いろいろな仕事（エネルギー）についての容量因子と強度因子を表1.2に示す．

表1.2 仕事（エネルギー）の種類と対応する容量因子と強度因子

容量因子	強度因子	仕事（エネルギー）
質 量(m)	$g \times$ 高さ(h)	$gh\Delta m$
距 離(l)	力(F)	$F\Delta l$
体 積(V)	圧 力(p)	$p\Delta V$
面 積(A)	表面張力(γ)	$\gamma\Delta A$
電気量(Q)	電 位(ϕ)	$\phi\Delta Q$

g：重力加速度

1.3 気体の性質

物質のさまざまな状態（気体，液体，固体）の中で気体は一般に分子の構造が簡単で，比較的分子間相互作用が小さいので理論的考察が容易である．熱力学は系の圧力，体積，温度などの巨視的な量の間の関係を研究する分野であるから，熱力学で扱う物質として気体がよく用いられる．

1.3.1 理想気体

ボイル（Boyle）は1662年に，一定温度では一定質量の気体の体積（V）は圧力（p）に反比例することを見出した．これをボイルの法則といい，式(1.1)，(1.2)で表される．

$$V \propto \frac{1}{p} \tag{1.1}$$

$$pV = 一定 \tag{1.2}$$

式 (1.2) を用いて体積と圧力の関係をプロットすると図 1.1 に示されるように直角双曲線が得られ，この曲線は等温線（isotherm）と呼ばれる．

ボイルの法則は温度一定における体積と圧力の関係を示すものであるが，シャルル（Charles）とゲイ・リュサック（Gay-Lussac）は圧力一定において温度と一定質量の気体の体積の検討から，両者の間には式 (1.3) で示される関係があることを見つけた．

$$V = V_0\left(1 + \frac{t}{273.15}\right) \tag{1.3}$$

V_0，V はそれぞれ 0℃，t℃ における気体の体積を表す．式 (1.3) をシャルルあるいはゲイ・リュサックの法則と呼ぶ．式 (1.3) を用いて体積と温度の関係をプロットすると図 1.2 で示されるような直線が得られる．この直線を等圧線（isobar）と呼ぶ．式 (1.3) によれば -273.15℃ になると気体の体積はゼロになるが，われわれが扱う気体（実在気体）では低温になると一般に液体や固体になり体積はゼロにはならない．いいかえれば，-273.15℃ で体積がゼロになるのは仮想的な気体，いわゆる理想気体（ideal gas）に限られる．式 (1.3) を変形すると式 (1.4) が得られる．

$$\frac{V}{273.15 + t} = \frac{V_0}{273.15} = 一定 \tag{1.4}$$

ここで，$273.15 + t = T$ とおいたものを絶対温度あるいは熱力学的温度といい，単位はケルビン（K）である．したがって式 (1.4) は式 (1.5) に書きかえられ

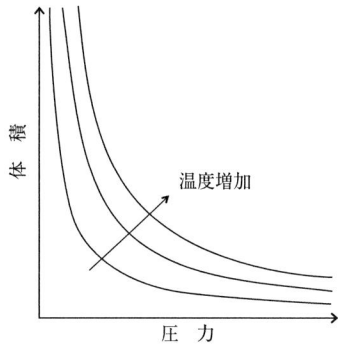

図 1.1 一定温度における気体の体積と圧力との関係（等温線）

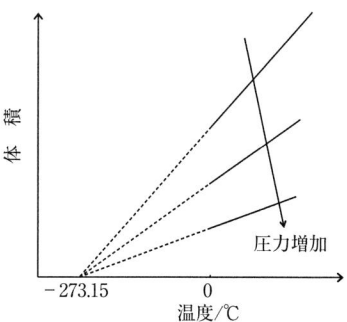

図 1.2 一定圧力における気体の体積と温度との関係（等圧線）

る．

$$\frac{V}{T} = 一定 \tag{1.5}$$

また，式 (1.2) と式 (1.5) から，式 (1.6)（ボイル-シャルルの法則）が得られる．

$$\frac{pV}{T} = 一定 \tag{1.6}$$

式 (1.6) は 1 mol の気体については式 (1.7) で表される．

$$\frac{pV_\mathrm{m}}{T} = 一定 \tag{1.7}$$

ここで，V_m はモル体積（1 mol 当たりの体積）である．

a. 温度の定点

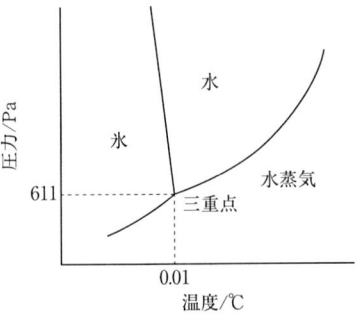

図 1.3 水の状態図（相間の平衡関係図）

温度の定点として，図 1.3 に示す水の状態図における 3 相が共存する点（三重点：triple point）を選び，その温度を 273.16 K と規約する．したがって 0.01 ℃ = 273.16 K であるから，0 ℃ は 273.15 K となる．

式 (1.7) における定数を R（気体定数）とおくと式 (1.8) が得られる．また n mol の気体については式 (1.9) で表される．式 (1.8)，(1.9) を理想気体の状態方程式（equation of state）と呼ぶ．R の値は 8.314 J K^{-1} mol^{-1} である．

$$pV_\mathrm{m} = RT \tag{1.8}$$
$$pV = nRT \tag{1.9}$$

b. R の値

0 ℃ において

$$\lim_{p \to 0}(pV_\mathrm{m}) = 22.414 \text{ atm dm}^3 \text{ mol}^{-1}$$

また

$$1 \text{ atm dm}^3 = 101325 \text{ N m}^{-2} \times 10^{-3} \text{ m}^3$$
$$= 101.325 \text{ J} \quad (\text{J} = \text{N m})$$

したがって

$$R = \frac{\lim_{p \to 0}(pV_\mathrm{m})}{T}$$

$$= \frac{22.414 \times 101.325 \text{ J mol}^{-1}}{273.15 \text{ K}}$$

$$= 8.314 \text{ J K}^{-1} \text{ mol}^{-1}$$

1.3.2 実在気体(real gas)

われわれが通常扱う気体(実在気体)は圧力が高くなると理想気体の状態方程式に従わなくなる.理想気体からのずれは無次元の値である圧縮因子 Z (compression factor,式(1.10))を用いて表すことができる.1 mol の気体では Z は式(1.11)で与えられる.

$$Z = \frac{pV}{nRT} \tag{1.10}$$

$$Z = \frac{pV_\mathrm{m}}{RT} \tag{1.11}$$

理想気体では Z は圧力に関係なく 1 であるが,実在気体では気体の種類,圧力,温度によって複雑に変化する(図 1.4).窒素やヘリウムのように沸点が著しく低い気体では常に $Z>1$ となり,圧力とともに Z の値は増大する.一方,エタンや二酸化炭素のように比較的沸点の高い気体ではある圧力において最小値($Z<1$)を示した後,圧力とともに増大する傾向がある.このような実在気体の Z の変化を正確に表すのには圧力や温度に関するパラメータ数の多い多項式が必要となる.

1.3.3 ビリアル方程式

Z を圧力(p)やモル体積(V_m)の逆数のベキ級数に展開した状態方程式をビリアル(virial)方程式(式(1.12),(1.13))と呼ぶ.

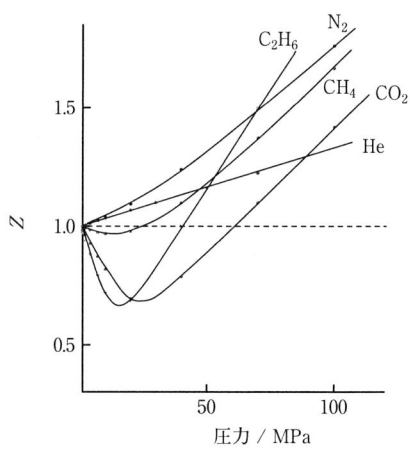

図 1.4 400 K における圧力因子と圧力の関係

$$Z = \frac{pV_\mathrm{m}}{RT} = 1 + B'p + C'p^2 + D'p^3 + \cdots \tag{1.12}$$

$$Z = \frac{pV_\mathrm{m}}{RT} = 1 + \frac{B}{V_\mathrm{m}} + \frac{C}{V_\mathrm{m}{}^2} + \frac{D}{V_\mathrm{m}{}^3} + \cdots \tag{1.13}$$

式 (1.13) は n mol の気体については式 (1.14) となる.

$$Z = \frac{pV}{nRT} = 1 + B\left(\frac{n}{V}\right) + C\left(\frac{n}{V}\right)^2 + D\left(\frac{n}{V}\right)^3 + \cdots \tag{1.14}$$

これらの式における B', B および C', C をそれぞれ第二ビリアル係数,第三ビリアル係数と呼ぶ.式 (1.12) において,p がかなり小さい場合には p の 2 乗以上の項は 1 に対して無視できるので,Z 値が 1 より大きくなるかどうかは(図 1.4 参照)第二ビリアル係数の符号に依存すると考えられる.図 1.4 の気体の 400 K における第二ビリアル係数 (B') を表 1.3 に示す.B' の符号の違いから図 1.4 の Z の変化がうまく説明できる.

表 1.3 400 K における気体の第二ビリアル係数 (B') (10^{-3} dm^3 mol^{-1})

	He	N$_2$	CH$_4$	CO$_2$	C$_2$H$_6$
B'	11.1	9.1	-15.0	-60.5	-96

1.3.4 ファン・デル・ワールス式

ビリアル方程式は最も一般的な状態方程式であるが,多項式で表されるために使いづらい.それに対して,実在気体の挙動をかなり良く表す式(状態方程式)としてファン・デル・ワールス(van der Waals)は式 (1.15) を提案した(1873 年).式 (1.15) をファン・デル・ワールス式(状態方程式)という.

$$\left(p + \frac{n^2 a}{V^2}\right)(V - nb) = nRT \tag{1.15}$$

1 mol の気体については式 (1.16) で与えられる.

$$\left(p + \frac{a}{V_\mathrm{m}{}^2}\right)(V_\mathrm{m} - b) = RT \tag{1.16}$$

ここで,a, b はファン・デル・ワールス定数と呼ばれ,それぞれ分子間引力,分子の体積を考慮して導入された各気体に固有な定数である.

a. 分子の体積に関する補正

実在気体では分子が大きさを有するために分子が自由に動きまわれない空間が存在する．この空間を排除体積（excluded volume）という（図 1.5）．図 1.5 において，分子 1 個の直径を d とすると分子 1 個の体積（V）は $(4/3)\pi(d/2)^3$ で与えられ，また 1 対の分子の排除体積（b'）は式（1.17）で与えられるから，

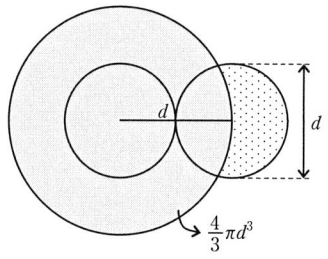

図 1.5　1 対の分子の排除体積（網かけ部分）

$$b' = \frac{4}{3}\pi d^3 = 8\left\{\frac{4}{3}\pi\left(\frac{d}{2}\right)^3\right\} = 8V \tag{1.17}$$

分子 1 個当たりの排除体積は $4V$ となる．したがって 1 mol の気体についての排除体積（b）は式（1.18）で与えられる．

$$b = 4LV = \frac{2}{3}L\pi d^3 \qquad L：アボガドロ定数 \tag{1.18}$$

以上より，n mol の気体について，分子が自由に動くことのできる体積（補正された体積）は $(V-nb)$ となる．

b. 分子間引力に関する補正

容器の中に入っている気体について，その気体分子が容器の壁に衝突したときに単位面積の壁の受ける力が気体の圧力である．そこで，気体分子間に引力が働いているとすると，その分だけ気体分子が壁におよぼす力は小さくなり，気体の圧力は減少するから，圧力に対する補正が必要となる．1 個の分子に対する引力および単位面積当たり壁に衝突する分子の数はともに分子数密度（単位体積当たりの分子数）に比例するから，分子間引力が圧力におよぼす影響は $(n/V)^2$ に比例すると考えられる．比例定数を a，実際に観測される圧力を p とすると分子間引力を無視した圧力は p と n^2a/V^2 の和（$(p+n^2a/V^2)$）で与えられる．したがって，$pV=nRT$ に対して式（1.15）が得られる．主な気体のファン・デル・ワールス定数（a, b）を表 1.4 に示す．

【例題 1.1】　25 ℃ において，1 mol のメタンの入っている 0.500 dm³ の容器が

表1.4 ファン・デル・ワールス定数

気体	$a/\mathrm{Pa\ m^6\ mol^{-2}}$	$b/\mathrm{dm^3\ mol^{-1}}$
He	0.0034	0.0237
Ne	0.0211	0.0171
Ar	0.135	0.0322
Kr	0.232	0.0398
Xe	0.419	0.0511
H_2	0.0244	0.0266
N_2	0.139	0.0391
O_2	0.136	0.0318
Cl_2	0.649	0.0562
CO_2	0.359	0.0427
CH_4	0.225	0.0428
NH_3	0.417	0.0371
H_2O	0.546	0.0305

ある．メタンが（1）理想気体および（2）ファン・デル・ワールス式に従う気体であるときの圧力を求めよ．

解 （1） $p = \dfrac{nRT}{V}$ より

$$p = \frac{1\,\mathrm{mol} \times 8.314\,\mathrm{J\ K^{-1}\ mol^{-1}} \times 298\,\mathrm{K}}{0.500 \times 10^{-3}\,\mathrm{m^3}}$$

$$= \frac{2477.572\,\mathrm{Pa\ m^3}}{0.500 \times 10^{-3}\,\mathrm{m^3}} \quad (\mathrm{J = N\ m = Pa\ m^3})$$

$$= 49.6 \times 10^5\,\mathrm{Pa}$$

（2） $p = \dfrac{nRT}{V-nb} - \dfrac{n^2 a}{V^2}$, $a = 0.225\,\mathrm{Pa\ m^6\ mol^{-2}}$, $b = 0.0428\,\mathrm{dm^3\ mol^{-1}}$

より

$$p = \frac{2477.572\,\mathrm{Pa\ m^3}}{(0.500 - 0.0428)\,\mathrm{dm^3}} - \frac{0.225\,\mathrm{Pa\ m^6}}{(0.500\,\mathrm{dm^3})^2}$$

$$= \frac{2477.572\,\mathrm{Pa\ m^3}}{0.4572 \times 10^{-3}\,\mathrm{m^3}} - \frac{0.225\,\mathrm{Pa\ m^6}}{2.5 \times 10^{-7}\,\mathrm{m^6}}$$

$$= 45.2 \times 10^5\,\mathrm{Pa}$$

1.4　理想混合気体

　複数の気体からなる混合気体において，着目する気体の組成を表すには容積（体積）分率，質量（重量）分率，モル分率などが用いられ，それぞれ以下のように定義される．

$$\text{容積（体積）分率 (volume fraction)} = \frac{\text{混合前の着目気体の容積}}{\text{混合気体の容積}}$$

$$\text{質量（重量）分率 (mass fraction)} = \frac{\text{着目気体の質量}}{\text{混合気体の全質量}}$$

$$\text{モル分率 (mole fraction)} = \frac{\text{着目気体の物質量}}{\text{混合気体の全物質量}}$$

ここで，混合気体の各成分の物質量（単位 mol）を n_1, n_2, … とすると，成分 i の気体のモル分率（x_i）は

$$x_i = \frac{n_i}{n_1 + n_2 + \cdots} = \frac{n_i}{\sum_i n_i} \tag{1.19}$$

$$\sum x_i = 1$$

で与えられる．成分 i の気体の分圧を p_i, 全圧を P とすると，両者には $p_i = x_i \times P$ が成り立つ．また理想混合気体についてはドルトン（Dalton）の分圧の法則により $P = \sum_i p_i$ となる．逆にドルトンの分圧の法則に従う混合気体を理想混合気体という．

a.　モル分率と体積分率の関係

　温度 T, 圧力 P において，各気体成分の体積を V_1, V_2, …, V_i, …, 混合気体の体積を V とすると

$$V = V_1 + V_2 + \cdots + V_i + \cdots = \sum_i V_i$$

また，

$$P \sum_i V_i = PV = \left(\sum_i n_i \right) RT$$

であるから，

$$p_i = x_i P = x_i \frac{\left(\sum_i n_i \right) RT}{V} = \frac{n_i RT}{V} = \frac{P V_i}{V}$$

よって

$$x_i = \frac{p_i}{P} = \frac{V_i}{V} = \frac{V_i}{\sum_i V_i} \quad (\text{体積分率})$$

となり，理想の混合気体ではモル分率は体積分率に等しくなる．

【例題 1.2】 200 kPa において，体積比で 40％ の N_2 と 60％ の F_2 からなる理想気体がある．このときの N_2 と F_2 のモル分率と分圧を求めよ．

解 混合気体の体積を V とすると，N_2 の体積は $0.4V$，F_2 の体積は $0.6V$ である．したがって N_2 と F_2 の体積分率はそれぞれ 0.4，0.6 となる．また，これらはモル分率に等しい．N_2，F_2 の分圧を p_{N_2}，p_{F_2} とすると

$$p_{N_2} = 0.4 \times 200 \text{ kPa} = 80 \text{ kPa}$$
$$p_{F_2} = 0.6 \times 200 \text{ kPa} = 120 \text{ kPa}$$

となる．

1.5　臨界現象（気体の液化）

理想気体では等温線はどの温度でも直角双曲線となる（図 1.1）．しかし，実在気体では，高温では双曲線に近いが，低温ではずれてくる．これは実在気体が低温では分子間力により液体や固体になるからである．典型的な純物質の等温線を図 1.6 に示す．図 1.6 において，A は理想気体の等温線にほぼ近い領域であり，圧力を増してゆくと B 点で気体の液化が始まる．C 点まで液化が続き体積は減少するが，圧力は一定値を示す．この一定圧を蒸気圧（vapor pressure）という．D は液体の等温線であり，圧力が急に上昇するのは液体の持つ小さい圧縮率のためである．BC 領域（水平域）は温度の上昇とともに小さくなり，ある温度では B 点と C 点は一致するようになる（K 点）．K 点（変曲点）を臨界点（critical point）と呼び，K 点では気体と液体

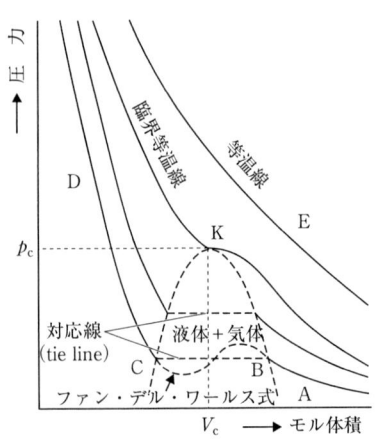

図 1.6　典型的な純物質の等温線

1.5 臨界現象（気体の液化）

表1.5 主な気体の臨界定数

	p_c/MPa	T_c/K	$V_c/10^{-3}$ m^3 mol^{-1}	ρ_c/kg m^{-3}	$p_c V_c/RT_c$
Ar	4.86	150.7	0.074	536	0.29
He	0.23	5.2	0.057	69.6	0.30
H$_2$	1.32	33.2	0.063	31.6	0.30
N$_2$	3.4	126.2	0.089	314	0.29
O$_2$	5.04	154.6	0.073	436	0.29
Cl$_2$	7.99	416.9	0.124	572.7	0.28
CO$_2$	7.38	304.2	0.094	4661	0.27
NH$_3$	11.28	405.6	0.072	235	0.24
CH$_4$	4.59	190.6	0.099	162.2	0.29
C$_6$H$_4$	4.87	305.3	0.147	204.5	0.28

のモル体積は一致する．臨界点における圧力（p_c），温度（T_c），モル体積（V_c）をそれぞれ臨界圧力（critical pressure），臨界温度（critical temperature），臨界体積（critical volume）という．臨界体積の代りに臨界密度（ρ_c, critical density）が用いられることも多い．p_c, T_c, V_c, ρ_c をまとめて臨界定数（critical constant）と呼ぶ．主な気体の臨界定数を表1.5に示した．臨界定数は物質に固有な定数であるが，$p_c V_c$ と RT_c の比を求めると気体の種類によらず，0.3に近い値を示す（表1.5）．臨界温度以上（E領域）では，気体と液体の区別はできない，いわゆる気体と液体には不連続な変化のない現象（臨界現象）[*]となる．したがって，気体を液化するには T_c 以下の温度で圧力を加える必要がある．臨界現象はファン・デル・ワールス式よりかなりの程度説明ができる．式（1.16）を V_m について展開すると式（1.20）のような V_m についての3次の方程式が得られる．

$$V_m^3 - \left(b + \frac{RT}{p}\right)V_m^2 + \frac{a}{p}V_m - \frac{ab}{p} = 0 \tag{1.20}$$

式（1.20）を解くと3つの解が得られるから，3種類の V_m が存在することになる（図1.6）．臨界点におけるファン・デル・ワールス式より臨界定数を求めることができ，ファン・デル・ワールス定数との間に式（1.21）の関係がある．

$$p_c = \frac{a}{27b^2}, \quad T_c = \frac{8a}{27Rb}, \quad V_c = 3b \tag{1.21}$$

式（1.21）の臨界定数を用いて $p_c V_c$ と RT_c の比を計算すると0.38であり，実

---

[*] イメージとしては濃霧の中にいるような状態である．

測値（表1.5）よりもかなり大きくなる．これはファン・デル・ワールス式中の a, b だけの補正では実在気体の挙動を十分に表せないことを示している．

【例題 1.3】 臨界点におけるファン・デル・ワールス式

$$\left(p+\frac{a}{V_m^2}\right)(V_m-b)=RT$$

を用いて式（1.21）を証明せよ．

解 $\left(p+\dfrac{a}{V_m^2}\right)(V_m-b)=RT$

より

$$p=\frac{RT}{V_m-b}-\frac{a}{V_m^2}$$

臨界点（c.p.）では $dp/dV_m=0$（傾きゼロ），$d^2p/dV_m^2=0$（変曲点）より

$$\left(\frac{dp}{dV_m}\right)_{c.p.}=-\frac{RT_c}{(V_c-b)^2}+\frac{2a}{V_c^3}=0 \quad \therefore \frac{RT_c}{(V_c-b)^2}=\frac{2a}{V_c^3} \qquad ①$$

$$\left(\frac{d^2p}{dV_m^2}\right)_{c.p.}=\frac{2RT_c}{(V_c-b)^3}-\frac{6a}{V_c^4}=0 \quad \therefore \frac{RT_c}{(V_c-b)^3}=\frac{3a}{V_c^4} \qquad ②$$

式① ÷ 式② より $V_c-b=(2/3)V_c$ が得られる．したがって $V_c=3b$ となる．これを①式に代入すると

$$\frac{RT_c}{(3b-b)^2}=\frac{2a}{27b^3}$$

となり，

$$T_c=\frac{8a}{27Rb}$$

となる．一方，

$$p_c=\left(\frac{RT_c}{V_c-b}\right)-\left(\frac{a}{V_c^2}\right) \quad （臨界点におけるファン・デル・ワールス式）$$

に

$$V_c=3b, \quad T_c=\frac{8a}{27Rb}$$

を代入すると

$$p_c=\frac{a}{27b^2}$$

が得られる．

1.6 気体分子運動論

　気体は多くの分子からできていると考えて，その運動を統計的に取り扱い，気体の諸性質を明らかにしようとする理論を気体分子運動論（kinetic theory of gases）という．気体分子運動論で扱う気体（理想気体）は以下で与えられる条件を満足すると仮定する．

(1) ある容器の中にある気体分子を考える．そして，分子自身の大きさ（体積）は気体の占める全容積に比較して無視できる．
(2) 分子間の相互作用（分子間の引力，斥力）は無視できる．
(3) 分子と器壁の衝突および分子相互の衝突は完全弾性衝突である（分子は完全弾性球である）．

　各辺の長さが a, b, c である直方体（図1.7）中に N 個の質量 m の分子が含まれているとする．ここで，ある1個の分子 i の速度を u_i，その x, y, z 軸方向の速度成分をそれぞれ u_{x_i}, u_{y_i} および u_{z_i} とし，この分子が x 軸に垂直な面 A に衝突してはねかえされる運動量の x 成分の変化，ΔP_x は式（1.22）で表される．

$$\Delta P_x = m|u_{x_i}| - (-m|u_{x_i}|) = 2m|u_{x_i}| \tag{1.22}$$

分子間で衝突がないとすると，分子 i が面 A に衝突してから再び衝突するまでの時間（時間間隔），Δt は $(2a/|u_{x_i}|)$ で与えられる．したがって，分子 i が面 A におよぼす力（運動量の時間微分）は単位時間当たりの運動量（x 成分）の変化に等しくなる（式 (1.23)）．

$$\frac{\Delta P_x}{\Delta t} = \frac{2m|u_{x_i}|}{\dfrac{2a}{|u_{x_i}|}} = \frac{mu_{x_i}^2}{a} \tag{1.23}$$

一方，気体分子が面 A におよぼす圧力（単位面積当たりの力），p は全分子についての力の和を面 A の面積（bc）で割ったものになる（式 (1.24)）．

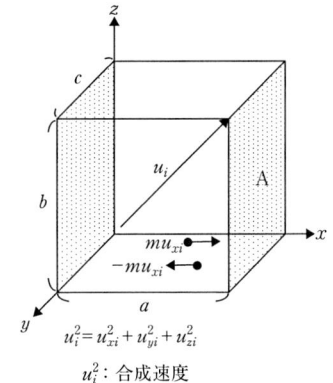

図1.7　直方体中の速度 u_{x_i} を持つ分子

$$p = \frac{\sum_{i=1}^{N} m u_{x_i}^2}{abc} = \frac{Nm\bar{u}_x^2}{V} \tag{1.24}$$

ここで，$V=abc$（直方体の体積），$\bar{u}_x^2 = \sum_{i=1}^{N} \frac{u_{x_i}^2}{N}$ を表しており，$\bar{u}_x^2$ は u_x の二乗平均（平均二乗速度）と呼ばれる．他の面におよぼす圧力も同様に表されるから，分子 i の速度 u_i の二乗平均 $\bar{u}^2$ は式（1.25）で与えられる．

$$\bar{u}^2 = \sum_{i=1}^{N} \frac{u_i^2}{N} = \sum_{i=1}^{N} \frac{u_{x_i}^2 + u_y^2 + u_{z_i}^2}{N} = \bar{u}_x^2 + \bar{u}_y^2 + \bar{u}_z^2 \tag{1.25}$$

ここで u_i^2 は分子 i の x, y, z 軸方向の速度を考慮した合成速度（図 1.7）である．また，分子の運動が全く乱雑であるとするとどの方向も同等であるから（等分配），$\bar{u}_x^2 = \bar{u}_y^2 = \bar{u}_z^2 = \bar{u}^2/3$ となる．よって式（1.24）と $\bar{u}_x^2 = \bar{u}^2/3$ より pV は式（1.26）で与えられる．

$$pV = \frac{1}{3} Nm\bar{u}^2 \tag{1.26}$$

式（1.26）より $\bar{u}^2$ が一定（温度が一定）ならば pV は一定となりボイルの法則が証明できる．また，$N=nL$（L：アボガドロ定数）であるから，1 mol の気体については式（1.26）は式（1.27）で与えられる．

$$pV_m = RT = \frac{1}{3} Lm\bar{u}_2 \tag{1.27}$$

一方，気体 1 mol 当たりの全平均並進運動エネルギー $\overline{E}_t$ は式（1.28）で表される．一方，1 分子当たりの平均並進運動エネルギー $\bar{\varepsilon}_t$ は式（1.29）となる．

$$\overline{E}_t = \frac{1}{2} Lm\bar{u}^2 = \frac{1}{2} \cdot 3pV_m = \frac{3}{2} RT \tag{1.28}$$

$$\bar{\varepsilon}_t = \frac{1}{2} m\bar{u}^2 = \frac{3}{2} \cdot \frac{R}{L} T = \frac{3}{2} kT \tag{1.29}$$

ここで $k(=R/L)$ はボルツマン（Boltzmann）定数と呼ばれ，統計的な考察に重要な定数である．式（1.29）において，温度（絶対温度）は分子の平均並進運動に比例することにより，温度は分子運動の激しさを表す尺度であることがわかる．また，式（1.29）より，x, y, z 軸方向それぞれの平均運動エネルギーが $(1/2)kT$ で与えられることは明らかである（エネルギー等分配則）．

演習問題

1.1 メタンガスの泡が出ている海底がある．海底のガスの出口点における泡の体積が $2.5\times10^{-3}\,\mathrm{dm^3}$，温度，圧力がそれぞれ 5℃，$8.10\times10^5\,\mathrm{Pa}$ であるとき，海面 (25℃，$1.01\times10^5\,\mathrm{Pa}$) での泡の体積を求めよ．

1.2 ネオン (10 g)，アルゴン (80 g)，窒素 (21 g) からなる理想混合気体がある．この混合気体の全圧が $2.5\times10^5\,\mathrm{Pa}$ であるときの各気体のモル分率および分圧を求めよ．ただし，原子量は次の値を用いよ．Ne=20, Ar=40, N=14

1.3 加熱された綿状鉄にアンモニアを流すとアンモニアは水素と窒素に分解する．分解後の全圧が $1.15\times10^5\,\mathrm{Pa}$ であるとき水素と窒素の分圧を求めよ．

1.4 銅と亜鉛からできている 6.5 g の合金がある．酸素を含まない系でこの合金と塩酸を反応させたところ，25℃，$1.10\times10^5\,\mathrm{Pa}$ で $1.5\,\mathrm{dm^3}$ の水素が発生した．この合金中の亜鉛の含有量は何%か．ただし，亜鉛の原子量は 65 である．

1.5 60℃ で $5.0\,\mathrm{dm^3}$ の体積を占める 3.0 mol の二酸化炭素がある．(1) 理想気体の状態方程式および (2) ファン・デル・ワールス状態式を用いてこの二酸化炭素の圧力を計算せよ．

1.6 ファン・デル・ワールス状態式をビリアル展開の形 (モル体積の逆数のベキ級数に展開した式) で表し，第二ビリアル係数を求めよ．

1.7 圧力，温度，モル体積をそれぞれの臨界定数で割ったものを換算定数 (p_r, V_r, T_r) という．換算定数を用いてファン・デル・ワールス状態式を書き直すと以下の式が得られる．この式を証明せよ．

$$\left(p_\mathrm{r}+\frac{3}{V_\mathrm{r}^2}\right)\left(V_\mathrm{r}-\frac{1}{3}\right)=\frac{8}{3}T_\mathrm{r} \quad \text{(換算状態式)}$$

2

熱力学第一法則

　力学によれば運動エネルギーと位置エネルギー（ポテンシャルエネルギー）の和は一定である．いわゆるエネルギー保存の法則が成り立つ．しかしながら，摩擦により熱が発生した場合にはエネルギーは保存されるだろうか．この現象は力学的エネルギーの一部が摩擦熱に変換されたことを示しており，エネルギーの消滅を表している．したがって，力学によるエネルギー保存の法則は熱現象を含むように拡張して表すことが必要である．すなわち，熱エネルギーを含めてエネルギーは保存されることになる．

2.1　熱　と　仕　事

　力学的には仕事は力（強度因子）と変位（容量因子）の積で表されるが，表1.2に示したようにいろいろな種類がある．1842年マイヤー（Mayer）は，熱は仕事と同等な量のエネルギーであり，熱を含めてエネルギーは保存されると述べた．これが熱力学第一法則の基となっている．気体分子運動論によれば，温度は分子運動の激しさを表す尺度であった．温度と熱は密接な関係にあることを考慮すると熱は運動エネルギーを巨視的にとらえたものと見ることができる．エネルギー（仕事）はSI（国際）単位系ではJ（ジュール）＝N（ニュートン）×mで表される．

2.2　熱力学第一法則

　熱力学第一法則は閉じた系がある変化をして，最初の状態から最後の状態（両方の状態は平衡状態にあるとする）に移るとき，系が外界から吸収する熱を q,

2.2 熱力学第一法則

系が外界からなされる仕事を w とすると，$q+w$ は最初の状態と最後の状態だけで決まり，途中の経路によらないと表現することができる．数式で表すと熱力学第一法則は式（2.1）で与えられる．

$$\Delta U = q + w \tag{2.1}$$

式（2.1）において，U は内部エネルギー（系全体のエネルギー：internal energy）と呼ばれ，示量性の状態量である．ΔU は内部エネルギーの変化量を示し，最初の状態を 1，最後の状態を 2 としそれぞれの内部エネルギーを U_1, U_2 とすれば内部エネルギー変化（ΔU）は $\Delta U = U_2 - U_1$ で与えられる（図 2.1）．IUPAC（国際純正および応用化学連合）の規約では q, w はいずれも系が外界から受けとるときその符号を正とする．本書では IUPAC 方式を採用する[*]．また，式（2.1）より，孤立系では $\Delta U = 0$, 断熱系では $\Delta U = w$ となる．

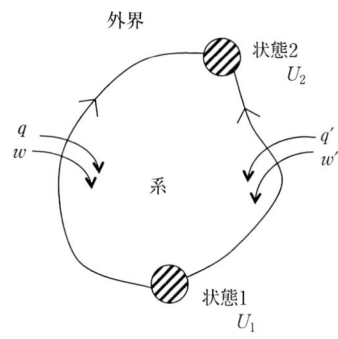

図 2.1　図式による熱力学第一法則

系がある状態から出発し，もとの状態にもどる過程（循環過程またはサイクル）を考えるとき，1 サイクルが完了した状態では内部エネルギー変化はゼロであるから，式（2.1）より

$$\Delta U = 0 = q + w$$
$$\therefore q = -w \tag{2.2}$$

となる．すなわち，系が外界に対してした仕事は系が外界から吸収した熱に等しい．したがって，外界から熱の供給がないと $w = 0$ となり外界に対して仕事をすることは不可能である．いいかえれば，外界から熱を供給されないで永久に仕事をするようなサイクルを行う機関（第一種の永久機関：perpetual engine of the first kind）は存在しないことになる．よって，熱力学第一法則を第一種の永久機関は存在しないとも表現できる．

---

[*] w については系が外界に対してした仕事を正とする方法（アメリカ式）もある．この場合には熱力学第一法則は $\Delta U = q - w$ と表される．

2.3 状態量と完全微分

状態量である U の微小変化(最初の状態と最後の状態の間に無限小の差しかない変化)を dU とすると,熱力学第一法則は式 (2.3) で表すことができる.式 (2.3) において,dU

$$dU = d'q + d'w \tag{2.3}$$

は完全微分(状態量 U を微分したもの),$d'q$,$d'w$ を不完全微分といい,それぞれ微小量の熱,仕事を表している.したがって状態量の微小変化は完全微分であり,内部エネルギーについて,状態 $1(U_1)$ から状態 $2(U_2)$ への積分は式 (2.4) で与えられる.

$$\int_{U_1}^{U_2} dU = U_2 - U_1 \tag{2.4}$$

2.3.1 完全微分とその有用性

$z = z(x, y)$ において z の全微分 (dz) は

$$dz = \left(\frac{\partial z}{\partial x}\right)_y dx + \left(\frac{\partial z}{\partial y}\right)_x dy$$

で与えられる.次に $(\partial z/\partial x)_y$ を y で偏微分したものと $(\partial z/\partial y)_x$ を x で偏微分したものは等しくなる(式 (2.5)).

$$\frac{\partial}{\partial y}\left(\frac{\partial z}{\partial x}\right)_y = \frac{\partial}{\partial x}\left(\frac{\partial z}{\partial y}\right)_x \quad \text{あるいは} \quad \frac{\partial^2 z}{\partial y \partial x} = \frac{\partial^2 z}{\partial x \partial y} \tag{2.5}$$

式 (2.5) をオイラー (Euler) の交換関係式(完全微分の条件)と呼び,式 (2.5) が成立すれば dz は完全微分である.逆に完全微分であることが証明できれば z は状態量である.

【例題 2.1】 関数 $z = 2x^2y^4$ の全微分を求めよ.また z は状態量か否か.

解

$$dz = \left(\frac{\partial z}{\partial x}\right)_y dx + \left(\frac{\partial z}{\partial y}\right)_x dy = 4\,xy^4 dx + 8\,x^2y^3 dy$$

また

$$\frac{\partial}{\partial y}\left(\frac{\partial z}{\partial x}\right)_y = 16\,xy^3 = \frac{\partial}{\partial x}\left(\frac{\partial z}{\partial y}\right)_x$$

となり z は状態量である．

2.4 体積変化の仕事

仕事にはいろいろな種類の仕事があるが（表1.2参照），ここでは力学的な仕事のうち，体積変化（膨張）の仕事について考える．図2.2に示すように，可動性で摩擦のないピストンを備えたシリンダー内の気体について，その外圧を p_{ex}，系の圧力を p とする．$p > p_{ex}$ であれば系の体積は膨張するので，体積の微小変化 dV による仕事（$d'w$）は式（2.6）で与えられる．

$$-d'w = p_{ex} dV$$
$$\therefore \ d'w = -p_{ex} dV \quad （圧力×体積＝力×長さ） \tag{2.6}$$

式（2.6）より系が膨張するとき（$dV>0$），$d'w<0$ であり，系が圧縮するとき $dV<0$，$d'w>0$ となる．

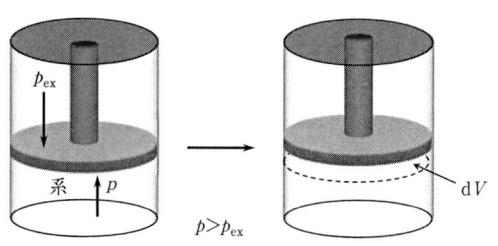

図2.2 シリンダー内の気体の膨張

2.4.1 準静的過程

熱力学第一法則によれば，系の変化の前後の状態は平衡状態でなければならない．図2.2において，平衡状態では $p_{ex}=p$ であるから，体積変化は起こらず仕事をしないことになる．この矛盾を解くために，p は p_{ex} に対し無限小だけ大きく，あるいは小さく保たれるとみなす思考上の過程を考える．この過程を仮定すれば系はほとんど平衡状態を保ちながら膨張または圧縮を行うことになる．このような平衡状態を保ちながら進行する過程を準静的過程（quasistatic process）といい，熱力学では準静的過程を可逆過程と考える（詳細は第3章を参照）．可逆過程では式（2.6）の p_{ex} を p（系の圧力）におきかえると式（2.7）が得られ

る.

$$d'w = -p\,dV \tag{2.7}$$

また，系内の理想気体の体積が V_1 から V_2 に可逆的に変化するときの仕事 (w_{rev}) は式 (2.8) で与えられる．

$$\begin{aligned} w_{\text{rev}} &= -\int_{V_1}^{V_2} p\,dV = -\int_{V_1}^{V_2} \frac{nRT}{V}\,dV \\ &= -nRT\ln\frac{V_2}{V_1} = -RT\ln\frac{p_1}{p_2} \quad \text{（温度一定）} \end{aligned} \tag{2.8}$$

一方，圧力一定（定圧過程）では式 (2.9) となる．

$$w_{\text{rev}} = -p(V_2 - V_1) = -p\Delta V \tag{2.9}$$

【例題 2.2】 一定温度において，ある気体が $2.0\,\text{dm}^3$ から $5.0\,\text{dm}^3$ に膨張した．この気体について (a) 真空中，(b) $1.2\times10^5\,\text{Pa}$ の圧力下における仕事を求めよ．

解 (a) $w = -p\Delta V$ において p はゼロであるから $w = 0$ となる．
(b) $w = -1.2\times10^5\,\text{Pa}\times(5.0-2.0)\,\text{dm}^3$
    $= -3.6\times10^5\,\text{Pa}\times10^{-3}\,\text{m}^3$
    $= -3.6\times10^2\,\text{J}$　($\text{Pa m}^3 = \text{N m}^{-2}\,\text{m}^3 = \text{N m} = \text{J}$)

【例題 2.3】 シリンダー内で圧縮されると 358 J の仕事をするガスがある．この際外界に 156 J の熱が移動するという．この過程における内部エネルギー変化を求めよ．

解 $\Delta U = q + w$ において $w > 0$, $q < 0$ より
$\Delta U = (-156 + 385)\,\text{J}$
$= 229\,\text{J}$

2.5　定容過程と定圧過程

図 2.1 に示したように，熱量は変化の道筋（経路）によって異なる．また，化学の分野では一般に物質の燃焼実験は定容下，反応の熱量測定は定圧で行われる．したがって，化学変化や異なる状態での熱量は定容過程と定圧過程について扱われる．

定容過程では $\Delta V=0$ より $w=0$ となるから式 (2.1) より q を q_V (定容を表す) とおくと

$$q_V=\Delta U \tag{2.10}$$

あるいは式 (2.3) より

$$d'q_V=dU \tag{2.11}$$

となる．すなわち，定容過程では系に出入する熱は内部エネルギー変化に等しい．一方，定圧過程では $w=-p\Delta V$, $\Delta U=q+w$ より

$$q=\Delta U+p\Delta V$$

ここで q を q_p (定圧を表す) とおくと

$$\begin{aligned} q_p &= \Delta U + p\Delta V \\ &= \Delta(U+pV) \end{aligned} \tag{2.12}$$

あるいは

$$\begin{aligned} d'q_p &= dU + pdV \\ &= d(U+pV) \end{aligned} \tag{2.13}$$

となる．ここで $U+pV$ を H とおくと (式 (2.14)),

$$H=U+pV \tag{2.14}$$

式 (2.12), (2.13) はそれぞれ式 (2.15), (2.16) で与えられる．H をエンタルピー (enthalpy) と呼ぶ．

$$q_p=\Delta H \tag{2.15}$$

$$d'q_p=dH \tag{2.16}$$

したがって，定圧過程では系に出入する熱はエンタルピー変化に等しい．化学の実験は定圧下で行われることが多いので，熱量変化の議論ではエンタルピー変化の方が一般に多く使用される．

【例題 2.4】 次の熱化学方程式において，96 g の SO_2 が SO_3 に変化するときに発生する熱量を求めよ．

$$2SO_2(g)+O_2(g)\rightarrow 2SO_3(g) \qquad \Delta_rH=-197.8\,\text{kJ mol}^{-1}$$

解 SO_2 の分子量は 64 であるから SO_2 の 96 g は 1.5 mol である．また 2 mol の SO_2 が SO_3 に変化したときの熱量が -197.8 kJ mol^{-1} であるから，1 mol では -98.9 kJ mol^{-1} である．したがって，1.5 mol の SO_2 が SO_3 に変化したときに発生する熱量は次式となる．

1.5 mol×(−98.9 kJ mol^{-1})＝−148.4 kJ

2.6 熱 容 量

系の温度を1K（または1℃）だけ上昇するのに要する熱量を熱容量（heat capacity, C）といい，式（2.16）のように定義される．

$$C=\frac{d'q}{dT} \tag{2.17}$$

$d'q$ は状態量ではないから変化の過程によって熱容量は異なる．そこで，定容変化と定圧変化に分けて考える．定容変化と定圧変化についての熱容量をそれぞれ C_V, C_p とすると式（2.11），（2.16）より式（2.18），（2.19）が得られる．

$$C_V=\frac{d'q_V}{dT}=\left(\frac{\partial U}{\partial T}\right)_V \tag{2.18}$$

$$C_p=\frac{d'q_p}{dT}=\left(\frac{\partial H}{\partial T}\right)_p \tag{2.19}$$

C_V, C_p をそれぞれ定容熱容量，定圧熱容量という．熱容量は以前は物質1g当たり（比熱容量あるいは比熱）で表されていたが，SI単位系では1 mol 当たりで表すので，単位は kJ mol^{-1} となる．

● C_p と C_V との関係

$U=U(T,V)$ とすると U の全微分は式（2.20）で表され，

$$dU=\left(\frac{\partial U}{\partial T}\right)_V dT+\left(\frac{\partial U}{\partial V}\right)_T dV \tag{2.20}$$

また $V=V(T,p)$ とすると V の全微分は式（2.21）で与えられるから

$$dV=\left(\frac{\partial V}{\partial T}\right)_p dT+\left(\frac{\partial V}{\partial p}\right)_T dp \tag{2.21}$$

式（2.21）を式（2.20）の dV に代入し整理すると式（2.22）が得られる．

$$dU=\left[\left(\frac{\partial U}{\partial T}\right)_V+\left(\frac{\partial U}{\partial V}\right)_T\left(\frac{\partial V}{\partial T}\right)_p\right]dT+\left(\frac{\partial U}{\partial V}\right)_T\left(\frac{\partial V}{\partial p}\right)_T dp \tag{2.22}$$

また，$U=U(T,p)$ とすると U の全微分は式（2.23）で与えられるので，

$$dU=\left(\frac{\partial U}{\partial T}\right)_p dT+\left(\frac{\partial U}{\partial p}\right)_T dp \tag{2.23}$$

式 (2.23) と式 (2.22) との比較より（dT, dp の係数が等しい），式 (2.24) が得られる．

$$\left(\frac{\partial U}{\partial T}\right)_p = \left(\frac{\partial U}{\partial T}\right)_V + \left(\frac{\partial U}{\partial V}\right)_T \left(\frac{\partial V}{\partial T}\right)_p \tag{2.24}$$

一方，$H = U + pV$ を T（圧力一定）で微分すると

$$\begin{aligned}
\left(\frac{\partial H}{\partial T}\right)_p &= \left(\frac{\partial U}{\partial T}\right)_p + p\left(\frac{\partial V}{\partial T}\right)_p + V\left(\frac{\partial p}{\partial T}\right)_p \\
&= \left(\frac{\partial U}{\partial T}\right)_p + p\left(\frac{\partial V}{\partial T}\right)_p \\
&= \left(\frac{\partial U}{\partial T}\right)_V + \left(\frac{\partial U}{\partial V}\right)_T \left(\frac{\partial V}{\partial T}\right)_p + p\left(\frac{\partial V}{\partial T}\right)_p \\
&= \left(\frac{\partial U}{\partial T}\right)_V + \left[p + \left(\frac{\partial U}{\partial V}\right)_T\right]\left(\frac{\partial V}{\partial T}\right)_p
\end{aligned}$$

式 (2.18) と式 (2.19) を用いると式 (2.25) となる．

$$C_p = C_V + \left[p + \left(\frac{\partial U}{\partial V}\right)_T\right]\left(\frac{\partial V}{\partial T}\right)_p \tag{2.25}$$

ところが，理想気体では内部エネルギーは温度のみの関数である．いいかえれば温度一定では内部エネルギーは体積，圧力に依存しない．これはジュール(Joule) の法則と呼ばれ，微分形では式 (2.26) で表せる．

$$\left(\frac{\partial U}{\partial V}\right)_T = 0, \qquad \left(\frac{\partial U}{\partial p}\right)_T = 0 \tag{2.26}{}^{*)}$$

したがって式 (2.25) より式 (2.27) が得られる．

$$\begin{aligned}
C_p - C_V &= p\left(\frac{\partial V}{\partial T}\right)_p = p \times \frac{nR}{p} \\
&= nR
\end{aligned} \tag{2.27}$$

1 mol の理想気体では式 (2.28) となる．

$$C_{p,\mathrm{m}} - C_{V,\mathrm{m}} = R \tag{2.28}$$

ここで，$C_{p,\mathrm{m}}$, $C_{V,\mathrm{m}}$ はそれぞれ定圧モル熱容量，定容モル熱容量という．式 (2.27), (2.28) をマイヤー (Mayer) の式と呼ぶ．298.15 K, 10^5 Pa における気体の $C_{p,\mathrm{m}}$, $C_{V,\mathrm{m}}$ およびそれらの比 γ（熱容量比）を表 2.1 に示す．

気体分子運動論によれば He, Ne のように単原子分子からなる気体（理想気

---

*) エンタルピーについて，$H = U + pV = U + nRT$ より $(\partial H/\partial p)_T = (\partial U/\partial p)_T + nR(\partial T/\partial p)_T = 0$ となり，理想気体では $(\partial H/\partial p)_T = 0$ も成り立つ．

表2.1 気体のモル熱容量および熱容量比 (γ)

	$C_{p,\mathrm{m}}/\mathrm{JK}^{-1}\mathrm{mol}^{-1}$	$C_{V,\mathrm{m}}/\mathrm{JK}^{-1}\mathrm{mol}^{-1}$	$\gamma=C_{p,\mathrm{m}}/C_{V,\mathrm{m}}$
He	20.79	12.47	1.67
Ne	20.79	12.47	1.67
Ar	20.79	12.47	1.67
H_2	28.84	20.53	1.40
N_2	29.12	20.81	1.40
O_2	29.36	21.05	1.39
Cl_2	33.93	25.53	1.33
CO_2	37.13	28.81	1.29
NH_3	35.66	27.35	1.30
CH_4	35.71	27.40	1.30

体）では温度増加に伴う内部エネルギーは気体分子の並進運動エネルギーであり，1 mol 当たり

$$\frac{3}{2}RT \tag{2.29}$$

となる．したがって

$$C_{V,\mathrm{m}}=\left(\frac{\partial U}{\partial T}\right)_V=\frac{3}{2}R, \quad C_{p,\mathrm{m}}=C_{V,\mathrm{m}}+R=\frac{5}{2}R$$

で与えられるので

$$\gamma=\frac{5}{3}=1.67$$

となり，表2.1で示される実測値とよく一致している．一般に多原子分子では全運動エネルギーは並進運動エネルギーの他に，回転の寄与を考慮する必要があり，分子の形，種類によってγは式（2.30）で与えられるような変化をする．

$$\left.\begin{aligned}&\gamma\approx\frac{5}{3}\ (\text{単原子の気体})\\&\gamma\approx\frac{7}{5}\ (\text{振動励起のない2原子あるいは直線形多原子の気体})\\&\gamma\approx\frac{4}{3}\ (\text{振動励起のない非直線形多原子の気体})\end{aligned}\right\} \tag{2.30}$$

2原子以上の多原子からなる気体では高温になるにつれて振動エネルギーの寄与のためにモル熱容量は大きくなり，$C_{p,\mathrm{m}}$は式（2.31）や式（2.31）′のような実験式で表されることがわかっている．

$$C_{p,\mathrm{m}}=a+bT+cT^{-2} \tag{2.31}$$

$$C_{p,\text{m}} = a + bT + cT^2 \tag{2.31}'$$

ここで，a, b, c は各物質特有の定数．

【例題 2.5】 酸素の $C_{p,\text{m}}$ は実験的には次式で与えられる．

$$C_{p,\text{m}} = 30.0 \text{ J K}^{-1}\text{mol}^{-1} + 4.18 \times 10^{-3} \text{ J K}^{-2}\text{mol}^{-1} T - 1.67 \times 10^{5} \text{ J K mol}^{-1} T^{-2}$$

298.15 K における $C_{p,\text{m}}$ を求めよ．また理論的に求まる値 $(7/2)R$ と比較せよ．

解 $C_{p,\text{m}} = (30.0 + 1.25 - 1.88) \text{ J K}^{-1}\text{mol}^{-1}$

$= 29.37 \text{ J K}^{-1}\text{mol}^{-1}$

$\dfrac{7}{2}R = 29.10 \text{ J K}^{-1}\text{mol}^{-1}$

したがって，実験値の方が $0.27 \text{ J K}^{-1}\text{mol}^{-1}$ 大きい．

2.7 気体の等温体積変化と断熱体積変化

2.7.1 等温体積変化

理想気体において，等温可逆過程における膨張に際しての体積変化の仕事の大きさは式（2.8）より

$$-w_{\text{rev}} = \int_{V_1}^{V_2} p\,dV = \int_{V_1}^{V_2} \frac{nRT}{V} dV = nRT \ln \frac{V_2}{V_1}$$

で与えられることがわかる．すなわち，仕事は図 2.3 の斜線の面積に対応する．そして，膨張（$V_2 > V_1$）のとき $w_{\text{rev}} < 0$，圧縮（$V_2 < V_1$）のとき $w_{\text{rev}} > 0$ となる．一方，理想気体の内部エネルギーは温度だけの関数であるから，可逆過程では $\Delta U = q_{\text{rev}} + w_{\text{rev}} = 0$ より

$$q_{\text{rev}} = -w_{\text{rev}} = nRT \ln \frac{V_2}{V_1} = nRT \ln \frac{p_1}{p_2} \tag{2.32}$$

となる．

a．不可逆過程における膨張

系の圧力を p，外圧を p_{ex} とすると，膨張に際しては $p_{\text{ex}} < p$ であり，体積変化を ΔV とすると仕事の大小は $p_{\text{ex}}\Delta V < p\Delta V$ で示される．図 2.4 において，$p_{\text{ex}}\Delta V$（網目部分）は不可逆的な仕事の大きさ（$-w_{\text{irr}}$）であり，$p\Delta V$（斜線部分）は可逆的な仕事の大きさ（$-w_{\text{rev}}$）に対応するから $-w_{\text{rev}} > -w_{\text{irr}}$ となるのは明白で

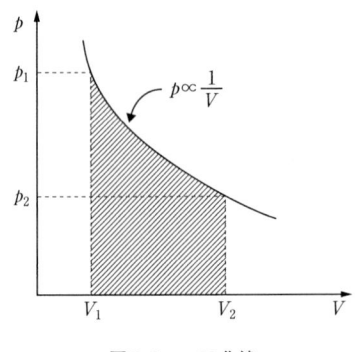

図 2.3　p-V 曲線

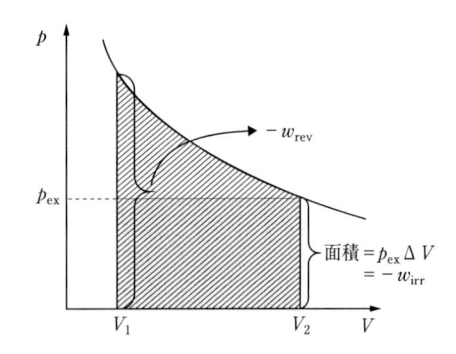

図 2.4　可逆的な仕事（w_{rev}）と不可逆的な仕事（w_{irr}）

ある．すなわち，系が外界に対してする仕事（膨張に要する仕事）は可逆過程のとき最大となる．逆に圧縮に要する仕事は可逆過程のとき最小となる．

2.7.2　断熱体積変化

系と外界の間で熱の出入のない条件下での理想気体の体積変化について考える．式 (2.3) より $d'q=0$ であるから

$$dU = d'w \tag{2.33}$$

となる．すなわち，断熱過程（adiabatic process）では仕事は系の内部エネルギーの変化に等しく，この場合，仕事は変化の状態のみにより定まり，途中の経路に依存しないことになる．一方，理想気体では内部エネルギーは温度のみの関数で体積に依存せず，また，式 (2.18) より $dU = C_V dT$ であるから，

$$d'w = dU = C_V dT \tag{2.34}$$

となる．C_V を一定として T_1 と T_2（$T_2 > T_1$）の間で積分すると

$$w = \Delta U = C_V(T_2 - T_1) = C_V \Delta T \quad d'w = dU = -p dV = -\frac{nRT}{V} dV \tag{2.35}$$

となる．また，式 (2.34) との関係より，式 (2.36) が得られる．

$$C_V \frac{dT}{T} = -nR \frac{dV}{V} \tag{2.36}$$

ここで C_V を一定とし T_1 のときの体積を V_1，T_2 のときの体積を V_2 としてそれらの間で積分して変形すれば

$$\ln \frac{T_2}{T_1} = -\frac{nR}{C_V} \ln \frac{V_2}{V_1} \tag{2.37}$$

となる．ここで $C_p/C_V=\gamma$，$C_p-C_V=nR$（式（2.27））を用いると式（2.38）が得られる．

$$\frac{T_2}{T_1} = \left(\frac{V_1}{V_2}\right)^{\gamma-1} \tag{2.38}$$

式（2.38）において，$\gamma>1$（式（2.30））であるから，膨張（$V_2>V_1$）のとき $T_2<T_1$ となる．すなわち，理想気体は断熱膨張すれば温度は低下する．また $p_1V_1/T_1=p_2V_2/T_2$（式（1.6））と式（2.38）より式（2.39）が得られる．

$$\frac{p_2}{p_1} = \left(\frac{V_1}{V_2}\right)^{\gamma} \tag{2.39}$$

したがって

$$p_1V_1^{\gamma} = p_2V_2^{\gamma} = 一定 \tag{2.40}$$

となる．式（2.40）をポアッソン（Poisson）の式という．等温過程と断熱過程についての圧力と体積の関係を図2.5に示す．図2.5より，断熱過程では，体積増加に伴う圧力低下は等温過程よりも急に起こることがわかる．

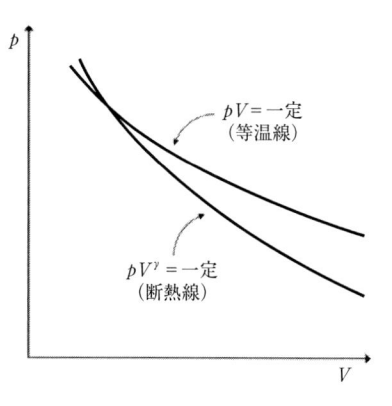

図2.5 理想気体の等温線と断熱線

【例題2.6】 25℃，10^5 Pa の圧力下にある Ar が断熱可逆的に膨張して，体積が最初の2倍になったときの圧力および温度を求めよ．ただし $\gamma=5/3$ である．

解 最初の体積を V，膨張後の圧力を p とすると式（2.40）より

$$p = 10^5 \text{ Pa} \times \left(\frac{V}{2V}\right)^{\frac{5}{3}} = 3.15 \times 10^4 \text{ Pa}$$

次に式（2.38）より膨張後の温度を T とすると

$$T = 298 \text{ K} \times \left(\frac{1}{2}\right)^{\frac{2}{3}} = 188 \text{ K} = -85 \text{ ℃}$$

2.7.3 ジュール-トムソンの実験（実在気体の断熱過程）

理想気体の内部エネルギーとエンタルピーは既に述べたように温度のみの関数であった．すなわち，

$$\left(\frac{\partial U}{\partial V}\right)_T = 0, \quad \left(\frac{\partial H}{\partial p}\right)_T = 0$$

である．しかしながら実在気体では体積や圧力によって内部エネルギー，エンタルピーは変化する．ジュール（Joule）とトムソン（Thomson）は図2.6のような装置を用いて，実在気体の断熱過程について検討した．図2.6において，高圧部A側（圧力p_1）から低圧部B側（圧力p_2）へ，p_1の圧力で隔壁を通して体積V_1の気体が流れるときに，その気体になされる仕事は，p_1V_1である．一方，B側の気体がp_2の圧力に抗して膨張の際にする仕事は，p_2V_2となる．したがって，気体になされた正味の仕事 w は

$$w = p_1V_1 - p_2V_2$$

で表される．

また，断熱過程であるから，式（2.1）において $q=0$ より，$\Delta U = U_2 - U_1 = w = p_1V_1 - p_2V_2$，したがって $U_1 + p_1V_1 = U_2 + p_2V_2$ となる．

A側，B側のエンタルピーをそれぞれ H_1, H_2 とすれば式（2.41）が得られる．

$$H_1 = H_2 \tag{2.41}$$

式（2.41）より膨張に際して実在気体のエンタルピーは変化しないことがわかる．すなわち，$dH=0$となる．ここで，$H=H(T,p)$について全微分すると

$$dH = \left(\frac{\partial H}{\partial T}\right)_p dT + \left(\frac{\partial H}{\partial P}\right)_T dP = 0$$

したがって

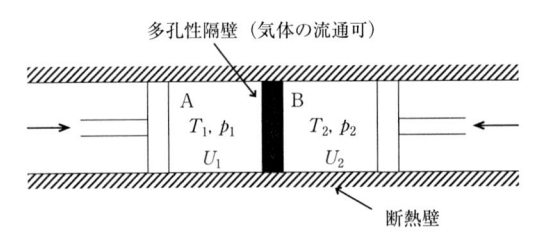

図2.6 ジュール-トムソンの実験の概要図

$$\left(\frac{\partial H}{\partial p}\right)_T = -\left(\frac{\partial H}{\partial T}\right)_p \left(\frac{\partial T}{\partial p}\right)_H = -\mu C_p \tag{2.42}$$

$$\mu \equiv \left(\frac{\partial T}{\partial p}\right)_H \tag{2.43}$$

μ をジュール-トムソン係数（Joule-Thomson coefficient）と呼び，エンタルピーが一定における圧力に対する温度変化を表す．μ の計算には近似式である式 (2.44) が一般に用いられる．

$$\mu \approx \left(\frac{\Delta T}{\Delta p}\right)_H \tag{2.44}$$

理想気体では $(\partial H/\partial p)_T = 0$ より $\mu = 0$ となる．一方，$\mu > 0$ では圧力の低下とともに気体の温度は低下する．μ が負から正に変わる温度を逆転温度（inversion temperature）と呼ぶ．ジュール-トムソン効果を利用すれば実在気体の液化が可能であり，液体窒素や液体酸素などはこの方法を用いて製造されている．気体の逆転温度はヘリウムや水素を除くとかなり高い．表 2.2 に気体の 298 K における逆転温度とジュール-トムソン係数を示す．

表2.2 標準状態における気体の逆転温度と 298 K におけるジュール-トムソン係数 (μ)

気体	逆転温度/K	融点/K	沸点/K	$\mu/10^{-5} \text{Pa}^{-1}\text{K}$
He	40		4.2	-0.060
Ar	723	83.8	87.3	
H_2	193	14.0	20.3	-0.03
N_2	621	63.3	77.4	0.25
O_2	764	54.8	90.2	0.31

【例題 2.7】 空気のジュール-トムソン係数は 300 K, 2.5×10^5 Pa において 0.173×10^{-5} Pa^{-1}K である．5.0×10^6 Pa から 10^5 Pa に膨張させたときの温度を求めよ．ただし，最初の温度を 300 K とする．

解　式 (2.44) より

$\Delta T = (1-50) \times 10^5$ Pa $\times 0.173 \times 10^{-5}$ Pa^{-1} K

　　　$= -8.5$ K

よって膨張後の温度は

　　(300－8.5) K = 291.5 K

となる．

2.8 反応エンタルピー（反応熱）

　温度一定のもとで化学反応に伴って出入する熱が反応熱（heat of reaction）である．化学反応は一般に以下のように表される．

$$\nu_A A + \nu_B B + \cdots = \nu_L L + \nu_M M + \cdots$$

ここで，左辺を原系または反応系，右辺を生成系という．化学反応において反応が起こる前の状態（最初の状態）が原系であり，反応が終了した状態（最後の状態）が生成系である．定容下での反応熱を定容反応熱といい，$q_V = \Delta U$（生成系と原系の内部エネルギーの差）（式 2.10）である．また定圧下での反応熱を定圧反応熱といい，$q_p = \Delta H$（生成系と原系のエンタルピーの差，反応エンタルピー）（式 2.15）となる．一方，熱の吸収を伴う反応を吸熱反応（endothermic reaction）といい，熱の発生を伴う反応を発熱反応（exothermic reaction）という．吸熱反応では $q > 0$ より，$\Delta U > 0$，$\Delta H > 0$ となる．逆に発熱反応では $q < 0$ であるから，$\Delta U < 0$，$\Delta H < 0$ となる．式（2.14）より定圧過程において式（2.45）が得られる．

$$\begin{aligned}\Delta H &= \Delta U + p\Delta V + V\Delta p \\ &= \Delta U + p\Delta V\end{aligned} \quad (2.45)$$

凝縮系である液体や固体だけが関与する化学反応では ΔV（体積変化）は一般に非常に小さいので $\Delta H \approx \Delta U$ とおける．一方，気体反応では反応に伴う物質量の変化を Δn（mol）とすると $p\Delta V = (\Delta n)RT$ より次式が得られる．

$$\Delta H = \Delta U + (\Delta n)RT \quad (2.46)$$

もし，$\Delta n = 0$（原系と生成系で物質量に変化がない）ならば $\Delta H = \Delta U$ となる．

　反応熱は原系や生成系の個々の物質の状態や圧力，温度により異なる．298.15 K，10^5 Pa における 1 mol の水素と 0.5 mol の酸素が反応すると 285.8 kJ の熱が発生して，1 mol の水が生成する．この反応を式（2.47）で表す．

$$H_2(g) + \frac{1}{2}O_2(g) = H_2O(l) + 285.8 \text{ kJ} \quad (2.47)$$

式（2.47）のように化学反応式に反応熱を付記したものを熱化学方程式（thermochemical equation）という．この反応は発熱反応であるから，より正確には式（2.48）で表す．

$$\mathrm{H_2(g)} + \frac{1}{2}\mathrm{O_2(g)} = \mathrm{H_2O(l)} \quad \Delta_r H^\ominus = -285.8 \text{ kJ mol}^{-1} \quad (2.48)$$

$\Delta_r H^\ominus$ の上つき添字⊖（プリムソルと呼ぶ）は標準状態を表し，r は反応過程における変化を意味する．$\Delta_r H^\ominus$ を標準反応エンタルピー（standard enthalpy of reaction）（標準反応熱）という．

a. ヘスの法則（Hess' law）**あるいは総熱量保存の法則**（principle of constant heat summation）

$q_V = \Delta U$, $q_p = \Delta H$ より，反応熱は原系と生成系の状態のみにより決まり，反応の経路によらない．すなわち，反応が一段で起こっても数段で起こっても反応に出入する熱量の総和は不変である．ヘスの法則は熱力学第一法則の実験的証明であり，測定不可能な反応熱や未知反応の反応熱を計算により求められることを示している．

【例題 2.8】 炭素（グラファイト，C(s)）と斜方イオウ（S(s)）から二硫化炭素 $\mathrm{CS_2(l)}$ が生成するときの標準反応エンタルピーを求めよ．ただし，

$\mathrm{C(s)} + \mathrm{O_2(g)} = \mathrm{CO_2(g)}$	$\Delta_r H^\ominus = -393.5$ kJ mol^{-1}
$\mathrm{S(s)} + \mathrm{O_2(g)} = \mathrm{SO_2(g)}$	$\Delta_r H^\ominus = -296.4$ kJ mol^{-1}
$\mathrm{CS_2(l)} + 3\,\mathrm{O_2(g)} = \mathrm{CO_2(g)} + 2\mathrm{SO_2(g)}$	$\Delta_r H^\ominus = -1073.6$ kJ mol^{-1}

解

$$\mathrm{C(s)} + \mathrm{O_2(g)} = \mathrm{CO_2(g)} \qquad \Delta_r H = -393.5 \text{ kJ mol}^{-1}$$
$$2\,\mathrm{S(s)} + 2\,\mathrm{O_2(g)} = 2\,\mathrm{SO_2(g)} \qquad \Delta_r H = 2 \times (-296.4) \text{ kJ mol}^{-1}$$
$$+\,)\ \mathrm{CO_2(g)} + 2\,\mathrm{SO_2(g)} = \mathrm{CS_2(l)} + 3\,\mathrm{O_2(g)} \quad \Delta_r H = +1073.6 \text{ kJ mol}^{-1}$$
$$\overline{\mathrm{C(s)} + 2\mathrm{S(s)} = \mathrm{CS_2(l)} \qquad \Delta_r H = +87.3 \text{ kJ mol}^{-1}}$$

（吸熱反応）

2.9 標準生成エンタルピー（標準生成熱）

298.15 K で 10^5 Pa（標準状態）にある 1 mol の化合物が標準状態にある成分元素の単体から生成するときのエンタルピーを標準生成エンタルピー（standard enthalpy of formation）といい，$\Delta_f H^\ominus$ で表す．単体としては標準状態において最も安定な形態を選び，その $\Delta_f H^\ominus$ をゼロにとる．たとえば，炭素ではグラファイト，イオウでは斜方イオウを選ぶ．表 2.3 に何種類かの物質についての $\Delta_f H^\ominus$

表2.3 標準生成エンタルピー

物質	$\Delta_f H^{\ominus}$/kJ mol^{-1}	物質	$\Delta_f H^{\ominus}$/kJ mol^{-1}	物質	$\Delta_f H^{\ominus}$/kJ mol^{-1}
Ag(s)	0	H$_2$O$_2$(l)	-187.8	CH$_3$COOH(l)	-487.0
AgCl(s)	-126.1	Hg(l)	0	CH$_3$CHO(G)	-192.3
Al(s)	0	I$_2$(s)	0	C$_2$H$_2$(g)	226.6
Al$_2$O$_3$(s)	-1675.3	HI(g)	26.48	C$_6$H$_6$(l)	82.9
Br$_2$(l)	0	Mg(s)	0	C$_2$H$_5$OH(l)	-277.7
HBr(g)	-36.4	MgO(s)	-601.70	C$_2$H$_6$(G)	-84.7
C(graphite)	0	N$_2$(g)	0	C$_2$H$_4$(g)	52.3
C(diamond)	1.9	NH$_3$(g)	-46.2	HCOOH(l)	-409.2
CO(g)	-110.5	NO(g)	90.3	C$_6$H$_{12}$O$_6$(s)	-1274.5
CO$_2$(g)	-393.5	NO$_2$(g)	33.1	CH$_4$(g)	-74.8
Ca(s)	0	N$_2$O$_4$(g)	9.08	CH$_3$OH(l)	-238.7
CaO(s)	-635.1	O(g)	249.4	C$_3$H$_8$(g)	-103.9
CaCO$_3$(s)	-1206	O$_2$(g)	0	C$_{12}$H$_{22}$O$_{11}$(s)	-2221.7
Cl$_2$(g)	0	O$_3$(g)	142.7		
HCl(g)	-92.3	S(斜方)	0		
Cu(s)	0	S(単斜)	0.30		
CuO(s)	-157.3	SO$_2$(g)	-296.8		
H(g)	218.2	SO$_3$(g)	-395.7		
H$_2$(g)	0	H$_2$S(g)	-20.63		
H$_2$S(g)	-241.8	ZnO(s)	-348.28		
H$_2$O(g)	-285.9				

を示す．反応式を

$$\nu_A A + \nu_B B = \nu_L L + \nu_M M$$

で示すと，この反応の標準反応エンタルピー（$\Delta_r H^{\ominus}$）は以下のように表すことができる．

$$\Delta_r H^{\ominus} = \nu_L \Delta_f H_L^{\ominus} + \nu_M \Delta_f H_M^{\ominus} - \nu_A \Delta_f H_A^{\ominus} - \nu_B \Delta_f H_B^{\ominus}$$

すなわち，一般には $\Delta_r H^{\ominus}$ は式 (2.49) で表される．

$$\Delta_r H^{\ominus} = \sum_{生成系} \Delta_f H^{\ominus} - \sum_{原系} \Delta_f H^{\ominus} \tag{2.49}$$

【例題 2.9】 メタンが空気中で燃焼するときの標準エンタルピーは，-890.4 kJ mol^{-1} である．メタンの標準生成エンタルピーを求めよ．

解 CH$_4$(g) + 2 O$_2$(g) = CO$_2$(g) + 2 H$_2$O(l)

$$\Delta_r H^{\ominus} = \Delta_f H_{CO_2}^{\ominus} + 2\Delta_f H_{H_2O}^{\ominus} - \Delta_f H_{CH_4}^{\ominus}$$

$$= -393.5 \text{ kJ mol}^{-1} + 2 \times (-285.8) \text{ kJ mol}^{-1} - \Delta_f H_{CH_4}^{\ominus}$$

$$= -890.4 \text{ kJ mol}^{-1} \text{（発熱反応）}$$

よって

$$\Delta_f H^\ominus_{CH_4} = (890.4 - 393.5 - 2 \times 285.8) \text{ kJ mol}^{-1}$$
$$= -74.7 \text{ kJ mol}^{-1}$$

2.10 反応熱の温度依存性

物質の内部エネルギーやエンタルピーは温度の関数である．ここではエンタルピー（反応熱）の温度変化について考える．A（原系）→ B（生成系）の反応におけるエンタルピー変化（ΔH）は

$$\Delta H = H_B - H_A$$

である．両辺を圧力一定として温度で偏微分すると

$$\left(\frac{\partial \Delta H}{\partial T}\right)_p = \left(\frac{\partial H_B}{\partial T}\right)_p - \left(\frac{\partial H_A}{\partial T}\right)_p$$
$$= C_{p,B} - C_{p,A}$$
$$= \Delta C_p \qquad (2.50)$$

これは偏微分と Δ の順序が交換可能であることを示している．同様にして，内部エネルギーについては

$$\left(\frac{\partial \Delta U}{\partial T}\right)_V = \Delta C_V \qquad (2.51)$$

が成立する．式 (2.50)，式 (2.51) をキルヒホッフ（Kirchhoff）の式といい，反応熱と温度の関係を表す基本式である．異なる2つの温度 T_1，T_2 における反応熱（エンタルピー）ΔH_1，ΔH_2 の関係を求めるために ΔC_p を一定（温度範囲が狭い）とみなすと，

$$\Delta H_2 - \Delta H_1 = \int_{\Delta H_1}^{\Delta H_2} d\Delta H$$
$$= \Delta C_p \int_{T_1}^{T_2} dT$$
$$= \Delta C_p (T_2 - T_1) \qquad (2.52)$$

もし一方の温度が 25 ℃ であるならば，他方の温度 T におけるエンタルピー変化（ΔH_T）は次式で表せる．

$$\Delta H_T = \Delta H_{298} + \int_{298}^{T} \Delta C_p \, dT$$

ΔC_p が一定とみなすことができず,式 (2.29) で表せるならば,

$$\Delta C_p = \Delta a + (\Delta b)T + (\Delta c)T^{-2}$$

となり,これを式 (2.50) に代入して積分すれば式 (2.53) より ΔH が求められる.

$$\Delta H = \Delta H_0 + (\Delta a)T + \left(\frac{1}{2}\Delta b\right)T^2 - (\Delta c)T^{-1} \tag{2.53}$$

あるいは $\Delta C_p = \Delta a + (\Delta b)T + (\Delta c)T^2$ を用いると式 (2.54) より ΔH が求まる.

$$\Delta H = \Delta H_0 + (\Delta a)T + \left(\frac{1}{2}\Delta b\right)T^2 + \frac{1}{3}(\Delta c)T^3 \tag{2.54}$$

式 (2.53),(2.54) における ΔH_0 は積分定数を表す.

【例題 2.10】 反応

$$H_2(g) + \frac{1}{2}O_2(g) = H_2O(l)$$

の 25 ℃ における反応熱は -285.8 kJ mol^{-1} である.水素,酸素,水の 25 ℃ における定圧モル熱容量がそれぞれ 28.8, 29.4, 75.3 J K^{-1} mol^{-1} であるとき,100 ℃ のときの反応熱を求めよ.

解
$$\Delta C_p = \left(75.3 - 28.8 - \frac{1}{2} \times 29.4\right) \text{ J K}^{-1}\text{ mol}^{-1}$$
$$= 31.8 \text{ J K}^{-1}\text{ mol}^{-1}$$

したがって

$$\Delta_r H_{373} = \Delta_r H_{298} + \int_{298}^{373} \Delta C_p dT \text{ より}$$

$$\Delta_r H_{373} = (-285.8 + 31.8 \times 10^{-3}(373 - 298)) \text{ kJ mol}^{-1}$$
$$= -283.4 \text{ kJ mol}^{-1}$$

演習問題

2.1 25 ℃ において 20 g のヘリウム(理想気体)が等温可逆的に膨張したところ,体積が 20 dm^3 から 100 dm^3 に増加した.このときの熱量はいくらか.

2.2 90 g の水を 100 ℃ ですべて水蒸気にするため要する仕事を求めよ.ただし,その間の圧力は一定とする.

2.3 100 ℃ で 5 dm^3 の体積を占めるアルゴン 80 g がある.このアルゴンを断熱可逆的に 20 dm^3 まで膨張させたときの温度を求めよ.ただし,アルゴンは理想気体と

し，その定容熱容量（C_V）は $3nR/2$ で表される．

2.4 10^5 Pa，25 ℃において，2 mol の一酸化炭素が空気中で燃えて 2 mol の二酸化炭素が生成する反応の内部エネルギー変化を求めよ．

$$2\,\mathrm{CO(g)} + \mathrm{O_2(g)} = 2\,\mathrm{CO_2(g)} \qquad \Delta_r H = -566.0 \text{ kJ mol}^{-1}$$

2.5 150 ℃で 2 mol のヘリウム（理想気体）を 10^5 Pa から 2×10^5 Pa まで断熱可逆圧縮した．圧縮後の体積および温度を求めよ．ただし，$\gamma=1.67$ である．

2.6 二酸化炭素の定圧モル熱容量は次式で表される．

$$C_{p,\mathrm{m}} = (44.2 + 8.79\times10^{-3}\,T\,\mathrm{K}^{-1} - 8.62\times10^{5}\,T^{-2}\,\mathrm{K}^2)\,\mathrm{J\,K^{-1}\,mol^{-1}}$$

10^5 Pa において二酸化炭素 1 mol を 300 K から 500 K まで温度上昇させるときのエンタルピー変化を求めよ．

2.7 10^5 Pa のもとで 2 mol の酸素を 25 ℃から 100 ℃まで加熱したときのエンタルピー変化を求めよ．ただし，酸素の定圧モル熱容量は次式で与えられる．

$$C_{p,\mathrm{m}} = (30.0 + 4.18\times10^{-3}\,T\,\mathrm{K}^{-1} - 1.67\times10^{5}\,T^{-2}\,\mathrm{K}^2)\,\mathrm{J\,K^{-1}\,mol^{-1}}$$

3

熱力学第二法則

　前章の第一法則では，閉じた系の内部エネルギーの増減 ΔU には熱 q と仕事 w が直接関与していること（$\Delta U = q + w$）を学んだ．第一法則の範囲では，熱と仕事はエネルギーとして等価である．熱は仕事に100%変換可能であろうか．このことに答えるのが第二法則である．また，自然界には，内部エネルギーは変化しないにもかかわらず，ある一方向にのみ進み逆方向には戻らないという自発過程（不可逆過程）がある．この現象を理解するために，エントロピーと自由エネルギーを新たに学ぶ．最後に，1 mol の物質が持つ自由エネルギーとして化学ポテンシャルを導入し，化学平衡の取り扱いを学ぶ．

3.1 エントロピー

3.1.1 自発過程と第二法則

　コックを隔てて接続された容積の等しい2つの断熱容器がある．片側には理想気体が，もう片側は真空であるとしよう．コックを空けると，気体は，真空の容器をも満たし，占有体積は2倍になる．誰の目から見ても，この現象が自発的であり元には戻らないことは納得できよう．このとき，前章で学んだように，気体の内部エネルギーは変化しない．むろん，気体の温度も変化しない．内部エネルギーは得をしないのに，この現象が自発的に起こるのはなぜであろうか．ここには第一法則で学んだ事柄だけでは説明しきれない内容がある．
　一方，今日の生活では，電気は必要不可欠である．火力発電では，熱を仕事に変換し，最終的に電気エネルギーを生産している．効率的なエネルギーの変換が必要なことはいうまでもない．熱からタービンを動かすところまでを考えるとき，熱は仕事に100%変換可能であろうか．変換可能なものを第二種の永久機関

(perpetual engine of the second kind) と呼び，過去に人類はこれを追い求めてきた．第一法則の範囲では熱と仕事はエネルギーとして等価であるので，100% 変換可能であったとしても問題がないようにみえる．しかし，のちにケルビン卿 (Kelvin) の称号を得たトムソンは，この問いに対して次のような答えを出した：「熱源から熱を吸収して，他に何の変化も残さずにそれをすべて仕事に変換することはできない」．これをトムソンの原理という．これに関連して，理想気体の等温膨張では気体がした仕事分だけ気体は外界より熱を吸収する．この段階を見れば，熱は 100% 仕事に変換されている．しかし，この場合は，体積は膨張しているので，「他に何の変化も残さずに」というわけではない．

また，熱はエネルギーであるので，低温から高温へ移動して，高温側の容器がますます熱くなるということもあってよいはずである．しかし，有史以来このようなことが自然に起こったことは聞いたことがない．熱は，手を加えなければ（すなわち外から仕事をしなければ），高温側から低温側に伝わるのが自然である．クラウジウス (Clausius) はこれこそ自然の本質であるとして，「他に何の変化も残さずに熱は低温物体から高温物体に移動することはできない」と表現した．これを，クラウジウスの原理という．これに対して，クーラーや冷蔵庫は低温側から高温側に熱を移動させている例であるが，ここでは外部からの仕事が必要である．クラウジウスは，上記表現を定量的に扱うために，エントロピー (entropy) と呼ばれる量を導入し，「孤立系のエントロピーは自発過程 (spontaneous process) の間だけ増加する」と表現した．これを熱力学第二法則 (second law of thermodynamics) という．この表現をいいかえれば，「孤立系のエントロピーは可逆過程 (reversible process) においては変化しない」ということになる．

3.1.2 クラウジウスによるエントロピーの定義

以下，第二法則を受け入れることで，現象がどう扱えるかを示す．また，あとで，先の2つの表現も，最後の表現に他ならないことを示すが，それにはまずエントロピーとは何かを説明する必要がある．

図 3.1 に示すような例を考えてみよう．系がそれに比べて非常に大きい熱浴に浸されていて，その外側は断熱壁で覆われているとする．系の外側の熱浴を外界と呼び，系と区別するため外界の物理量には下添字 sur をつける．外界の温度

```
          断熱壁
   ┌─────────────────┐
   │   ┌───┐         │
   │   │ 系 │ 熱      │
   │   └───┘↘        │
   │ T=T_sur          │
   │       -d'q = d'q_sur (>0)
   │ 外界              │
   │       dS_sur = d'q_sur/T_sur
   └─────────────────┘
```

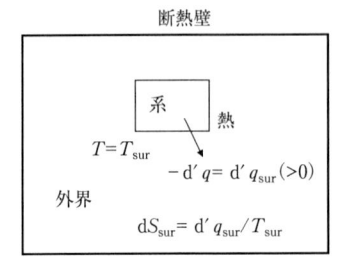

図 3.1 外界のエントロピー変化 dS_{sur} の定義

は T_{sur} である．系から外界に熱 $|d'q|$ が放出されたとする（$d'q<0$）．外界から見れば $d'q_{sur}=-d'q$ である．外界はとても大きいので，温度は依然 T_{sur} である．もっとも，$d'q_{sur}$ は微小変化量であるので，この間の熱の移動において温度が一定であるとしても数学上は問題がない．しかしながら，熱が移動した以上，「何か」が変わったと考えるべきである．この場合，その「何か」は熱（の大きさ）$d'q_{sur}$ に比例すると考えるのが自然である．また，低温であればあるほど熱の影響が大きくなることも予想される．したがって，この「何か」は一番簡単には温度 T_{sur} に反比例すると考えることができる（T_{sur} は絶対温度である）．この「何か」$d'q_{sur}/T_{sur}$ が外界のエントロピー S_{sur} と呼ばれる量の変化量である．

$$dS_{sur} = \frac{d'q_{sur}}{T_{sur}} \tag{3.1}$$

このようにして定義されたエントロピーは，**ある種の乱れの量**（しかしながら今は，外界の量）に対応している．このことはあとの3.4節で詳しく述べる．エントロピーがまずは外界に対して定義されたことを奇異に感じるかもしれない．これはあとで重要な意味をもってくる．

系のエントロピー（の変化）dS はどのように書けるのであろうか．熱の移動が可逆過程であれば系と外界の温度に対して $T=T_{sur}$ と考えてよい．系と外界を合わせた全系は孤立系であるから，第二法則より，全エントロピー変化 $dS_{tot}=dS+dS_{sur}$ は 0 であるので，

$$dS = -dS_{sur} = -\frac{d'q_{sur}}{T_{sur}}$$

$d'q_{sur}=-d'q$ であるから，系のエントロピー変化は，

$$dS = \frac{d'q}{T} \tag{3.2}$$

と表される．すなわち，系のエントロピー変化は，可逆過程においてのみ，そのときの系の熱 $d'q$ と温度 T に関係付けられる．可逆過程であることを強調するため，q に下添字 rev を付して，しばしば

$$dS = \frac{d'q_{rev}}{T} \tag{3.2}'$$

と表記される．

自発過程に対しては，第二法則より
$$dS_{tot} = dS + dS_{sur} > 0$$
であるから，($T = T_{sur}$ として)

$$dS > \frac{d'q}{T} \tag{3.3}$$

式 (3.2) と式 (3.3) を合わせて，

$$dS \geq \frac{d'q}{T} \tag{3.4}$$

と表現し，これをクラウジウスの不等式（Clausius inequality）という．$d'q$ と T はそれぞれ系の熱および温度であり，その過程が可逆であれば等号が成立し，不可逆（あるいは自発的）であれば不等号になる．なお，式 (3.4) は証明したのではなく，第二法則を受け入れることにより，エントロピーという量を使って表現し直しただけである．

3.2 熱機関とカルノーサイクル

3.2.1 カルノーサイクル

蒸気機関のように熱源から熱を吸収して仕事に変換するものを熱機関（heat engine）と呼ぶ．カルノー（Carnot）は熱機関を「温度 T_H の高熱源から大きさ $|q_H|$ の熱を受け取り，温度 T_L の低熱源へ大きさ $|q_L|$ の熱を放出する間に外界に対して大きさ $|w|$ の仕事をするもの」と考えた（図3.2）．熱から仕事を取り出すには必ず2つの熱源が必要なことこそカルノーの優れた洞察である．熱機関から見て，q_H, q_L, w の符号はそれぞれ正，負，負であることに注意しよう．熱機関の熱から仕事への変換効率（熱効率：thermal efficiency）η は，次の式で表される．

$$\eta = \frac{|w|}{q_H} \tag{3.5}$$

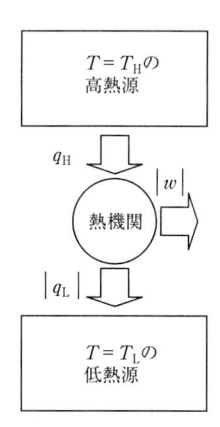

図 3.2 熱機関の基本構造

η の限界値を考えてみよう．エネルギー保存の法則から

$$q_H = |w| + |q_L| \tag{3.6}$$

である．したがって，式 (3.5) は

$$\eta = \frac{q_H - |q_L|}{q_H} \tag{3.7}$$

と書き直せる．熱が仕事に 100% 変換されるためには，$|q_L|=0$ でなければならないが，それをトムソンはありえないと否定したわけである．作業物質（working substance；詳しくは第6章参照）は厳密には何であってもよいが，ここでは簡単のため，理想気体 1 mol とする．図 3.3 に示すサイクルで動く熱機関を考えよう．これをカルノーサイクル (Carnot cycle) という．サイクルを構成する次の4つの可逆過程における仕事をそれぞれ w_1, w_2, w_3, w_4 と書く．サイクルを考える理由は，1サイクルの後は，もとの状態に戻るからである．

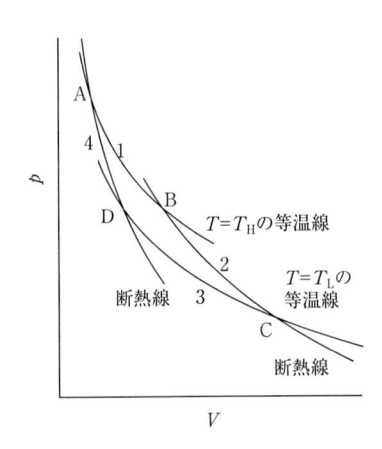

図 3.3 カルノーサイクルの p-V 図

A→B の過程 1：温度 T_H における等温可逆膨張で，$w_1 = -RT_H \ln(V_B/V_A)$，$\Delta U = 0$ より $q_H = RT_H \ln(V_B/V_A)$

B→C の過程 2：断熱可逆膨張で，気体の定容モル熱容量を $C_{V,m}$ とおくと，$w_2 = C_{V,m}(T_L - T_H)$

C→D の過程 3：温度 T_L における等温可逆圧縮で，$w_3 = -RT_L \ln(V_D/V_C)$，$q_L = RT_L \ln(V_D/V_C)$

D→A の過程 4：断熱可逆圧縮で，$w_4 = C_{V,m}(T_H - T_L)$

【例題 3.1】 前章で学んだ知識より，w_1, w_2, w_3, w_4 が上で述べたようになることを確認せよ．

解
過程 1：理想気体 1 mol であるので式 (2.7) より $w_1 = -RT_H \ln(V_B/V_A)$
過程 2：式 (2.33) より $w_2 = C_{V,m}(T_L - T_H)$
過程 3：式 (2.7) より $w_3 = -RT_L \ln(V_D/V_C)$

過程4：式 (2.33) より $w_4 = C_{V,\mathrm{m}}(T_\mathrm{H} - T_\mathrm{L})$

理想気体の断熱可逆過程の温度と体積の関係を示す式 (2.36) より $V_\mathrm{A} T_\mathrm{H}^c = V_\mathrm{D} T_\mathrm{L}^c$ であり $V_\mathrm{C} T_\mathrm{L}^c = V_\mathrm{B} T_\mathrm{H}^c$ である．ただし，$c = C_{V,\mathrm{m}}/R$ である．これより $V_\mathrm{B}/V_\mathrm{A} = V_\mathrm{C}/V_\mathrm{D}$ を得る．すると，

$$\frac{q_\mathrm{H}}{q_\mathrm{L}} = -\frac{T_\mathrm{H}}{T_\mathrm{L}} \tag{3.8}$$

が導ける[*]．式 (3.7) より，q_L が負であることに注意すると，

$$\eta = 1 - \frac{|q_\mathrm{L}|}{q_\mathrm{H}} = 1 + \frac{q_\mathrm{L}}{q_\mathrm{H}} = \frac{1 - T_\mathrm{L}}{T_\mathrm{H}}$$

$$= \frac{T_\mathrm{H} - T_\mathrm{L}}{T_\mathrm{H}} \tag{3.9}$$

となる．すなわち，「可逆過程からなるカルノーサイクルの熱効率 η は，高熱源の温度 T_H と低熱源の温度 T_L にのみ依存する」という重要な結論が得られた．

【例題 3.2】 高熱源の温度が 200 ℃，低熱源の温度が 10 ℃ のカルノーサイクルの熱効率を求めよ．

解 $\eta = 1 - \dfrac{283.15\,\mathrm{K}}{473.15\,\mathrm{K}} = 0.40$

温度 T_L，T_H は絶対温度である．したがって，$T_\mathrm{L} = 0\,\mathrm{K}$ でない限り，η は 1 より小さい．すなわち，熱が仕事に 100% 変換されることはないことがわかる．さらに現実には，熱機関を構成する部位間の摩擦などによるエネルギー損失のため可逆であることもありえず，熱効率 η はさらに下がることになる．

さて，過程 1, 2, 3, 4 のエントロピー変化をそれぞれ $\Delta_1 S$, $\Delta_2 S$, $\Delta_3 S$, $\Delta_4 S$ と書くと，1 サイクルの後のエントロピー変化は

$$\Delta_1 S + \Delta_2 S + \Delta_3 S + \Delta_4 S = \frac{q_\mathrm{H}}{T_\mathrm{H}} + 0 + \frac{q_\mathrm{L}}{T_\mathrm{L}} + 0 = \frac{q_\mathrm{H}}{T_\mathrm{H}} + \frac{q_\mathrm{L}}{T_\mathrm{L}} \tag{3.10}$$

式 (3.8) より，

$$\Delta_1 S + \Delta_2 S + \Delta_3 S + \Delta_4 S = 0 \tag{3.11}$$

が導かれる．すなわち，1 サイクルの後のエントロピー変化は 0 となる．図 3.4

---

[*] この証明は，作業物質が理想気体でなくても導ける．たとえば次の成書を見よ．朝永振一郎：「物理学とは何だろうか（上）」，pp. 174-238（岩波）．

に示すように，p-V 図上の任意のサイクルも，1 周すればエントロピー変化が 0 の無数のカルノーサイクルの和に分けて考えることができる．このとき，隣り合うサイクルの境界ではエントロピー変化はすべて打ち消し合うので，任意のサイクルは一番外側の小さなカルノーサイクルの外周（太い実線）で近似することができる．結局，任意の可逆サイクルの 1 周に対しても式 (3.11)（すなわち $\oint dS=0$）が成り立つことを示すことができる．さらにはサイクル上に 2 点，初期状態 A と終わりの状態 B を取れば，初期状態から終わりの状態に達する任意の 2 経路でエントロピー変化は同じになる（$\Delta_2 S$ は経路 2 による終わりの状態 B から初期状態 A へのエントロピー変化であるので，この経路の初期状態 A から終わりの状態 B へのエントロピー変化は $-\Delta_2 S$ であることに注意せよ）．

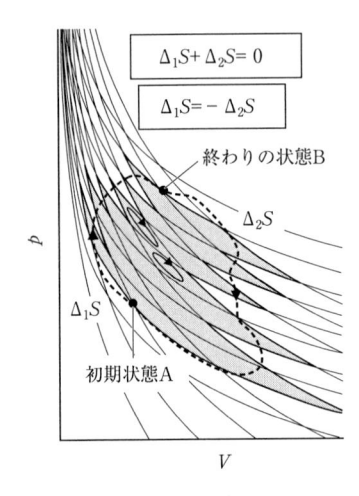

図 3.4 p-V 図上の任意のサイクル（太い破線）の多数のカルノーサイクル（アミカケ図形）への分割．サイクルを無限に小さくとれば，任意のサイクルを精度よく近似できる．

すなわち，エントロピーは，エネルギーと同じく，状態量であるという重要な結論が導かれる（ただし，エントロピーがエネルギーであるといっているわけではない；エネルギーの単位が J であるのに対し，エントロピーの単位は J K^{-1} である）．

読者は，このことをさほど重要に思えないかもしれない．しかし，3.3 節において示すように，任意の不可逆過程のエントロピー変化を求めるときに，初期状態と終わりの状態が同じ可逆過程のエントロピー変化を計算することで問題がないのは，エントロピーが状態量であるからである．また，式 (3.2)′ $dS =$ d′q_{rev}/T の左辺は d が用いられている．すなわち左辺は S の完全微分であるのに，右辺は q の不完全微分 d′q_{rev} となっていることを不思議に感じられた読者もいるかもしれない．2 章で学んだように，q は経路に依存する量であり，どういう経路であるかを示すために rev が付されている．この量を絶対温度 T で割ることにより，エントロピーは状態量になっている．

3.2.2 第二法則のさまざまな表現の等価性

この項では最後に，3.1節で説明した第二法則「孤立系のエントロピーは自発過程の間だけ増加する」がトムソンの原理やクラウジウスの原理と等価であることを導いておこう．まず「他に何の変化も残さずに熱は低温物体から高温物体に移動することはできない」というクラウジウスの原理が正しいとすると，「他に何の変化も残さずに一つのサイクルを行って熱を高温物体から低温物体に移動させる過程は不可逆（自発過程）である」ことが証明できる．というのは，もし可逆であるとすると，その逆向きのサイクルでは，他に何の変化も残さずに熱は低温物体から高温物体に移動することができてしまうからである．同様に，後者の事柄が正しいとすることによりクラウジウスの原理が導かれる．すなわち両者は等価である．次に，熱 $d'q$（>0；ただしそれほど大きい量ではないとする）が高温物体（温度 T_H）から低温物体（温度 T_L）に移動する不可逆過程に関して，この過程が孤立系で起こると考えたとき，高温物体，低温物体それぞれのエントロピー変化は $-d'q/T_H$ と $d'q/T_L$ であるから，孤立系全体のエントロピー変化 dS_{tot} は $d'q(1/T_L-1/T_H)$ である．かっこ内は正であるから $dS_{tot}>0$ が導かれ，クラウジウスの原理が正しければ第二法則も正しいことになる．

また，第二法則から導かれた式（3.8）は，作業物質を理想気体とすることにより証明されているが，作業物質に関係なく可逆の熱機関はすべて同じ効率を持つことを示すことができる．そのために，図3.5に示すように，図3.2の熱機関

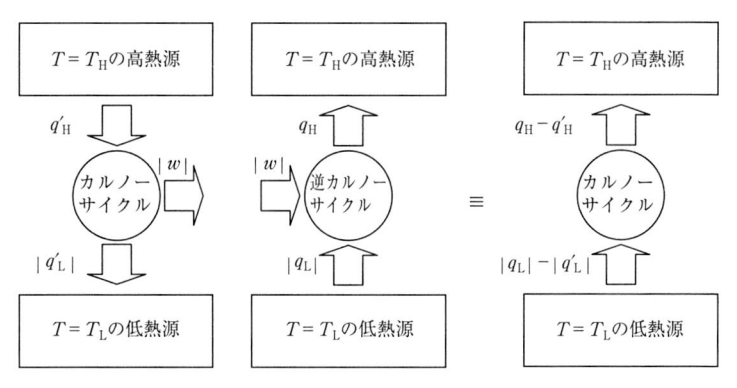

図3.5 図3.2の逆カルノーサイクルに図3.2より高効率のカルノーサイクルを接続した場合（$q_H>q'_H$）．「カルノーサイクル」としているが，可逆サイクルであることのみを使っている．

の効率 η より高効率の熱機関があったとしよう．その熱機関は，より少ない熱 q'_H で図 3.2 の熱機関と同じ大きさの仕事 $|w|$ を取り出すことができる：その効率を $\eta'=|w|/q'_H$ で表すと，$q_H>q'_H$ より $\eta'>\eta$．エネルギー保存則から $q_H=|w|+|q_L|$ と $q'_H=|w|+|q'_L|$ が成り立ち，辺々を差し引くと，

$$q_H-q'_H=|q_L|-|q'_L|>0$$

効率 η' の熱機関に図 3.2 の効率 η の熱機関を逆回しにした熱機関を接続する．すると「他に何の変化も残さずに熱は低温物体から高温物体に移動すること」が実現してしまう．これはクラウジウスの原理に反している．すなわち，可逆熱機関はすべて同じ効率を持たなければならないことが導かれる．実は，この論理において使っているのは，式 (3.5) と式 (3.6)，そして熱機関が可逆であることだけである．ということは，作業物質にかかわらず，さらにはカルノーサイクルであるか否かに関係なく，成り立つことである．そのことは同時に，どんなサイクルを使おうが（効率 100% のカルノーサイクルが存在しないように），この世には効率 100% の可逆熱機関は存在しないことを示しており，トムソンの原理を認めなければならないことになるのである．

3.3 エントロピーの計算

3.3.1 体積変化にともなうエントロピー変化

前二節で，熱現象には第一法則で説明した孤立系の内部エネルギー保存の側面以外に，現象の進みやすい方向（自発過程）があること，そのことを説明するためには第二法則が必要であること，そしてそのためにはエントロピーという状態量を導入することが便利であることを述べた．本節では，具体的に可逆もしくは自発過程においてエントロピーがどのように変化するかを考える．

a. n mol の理想気体の等温可逆膨張

2.4 節で学んだように，体積変化の仕事の微小変化は $d'w=-p_{ex}dV$ である．p_{ex} は外圧であるが，可逆過程では系である内部の気体の圧力 p と釣り合っている．p に対して理想気体の式を用いると，$d'w=-nRTdV/V$ と書ける．2.7 節で学んだように，理想気体の等温過程では内部エネルギー変化 $dU=d'q+d'w$ は 0 であるから，$d'q=-d'w$．体積が V_1 から V_2 まで変化するとき，この式を積分して，$q=nRT\ln(V_2/V_1)$ となる．可逆過程のエントロピー変化の式 (3.2)′ より，

$$\Delta S(等温可逆膨張) = nR \ln \frac{V_2}{V_1} \tag{3.12}$$

を得る．

b． n mol の理想気体の等温自由膨張

この過程は不可逆過程であるから，a 項の場合のように $p_{ex}=p$ が使えない．しかしエントロピーは状態量であるから，体積が V_1 から V_2 まで変化するときの可逆過程の ΔS と同じであり，結局のところ a 項と同じ大きさのエントロピー変化がある．

$$\Delta S = nR \ln \frac{V_2}{V_1}$$

c． n mol の理想気体の断熱可逆膨張

断熱過程であるから $d'q=0$ であり，可逆過程であるからやはり式 (3.2)′ が使えて，瞬間瞬間で $dS=d'q/T=0$ が成り立つ．体積が V_1 から V_2 まで変化するとき，この過程は 2.7.2 項で学んだように等温ではないが，エントロピー変化 ΔS はこれを積分すればよく，

$$\Delta S（断熱可逆膨張）= 0 \tag{3.13}$$

である．

d． n mol の理想気体の断熱自由膨張

この過程は不可逆過程である．しかしエントロピーは状態量であるから，体積が V_1 から V_2 まで変化するときの可逆過程の ΔS と同じであり，c 項より $\Delta S=0$．実は，これは誤りである．理由は，この過程に対応する可逆過程は c 項ではないからである．断熱過程であるから $d'q=0$ であるが，自由膨張のときは $d'w=0$ でもあり，したがって $dU=d'q+d'w$ は 0 である．理想気体においては，内部エネルギー U は体積 V には依存せず温度 T のみの関数であるから，$dU=0$ より，$dT=0$ である．すなわち，温度は変化しない．したがって，対応する可逆過程は，a 項であって，エントロピー変化は $\Delta S=nR\ln(V_2/V_1)$ である．

さて，3.1 節の最初で紹介した問題「断熱容器内での理想気体の自由膨張」を考えよう．系のエントロピー変化を計算するには，上の d 項でも考えたように，同じ状態変化を引起こす可逆変化を考える必要がある．それは，占有体積が 2 倍になる等温可逆膨張であり，$\Delta S=nR\ln 2$ と求まる．系は断熱系であり，外部からの機械的な仕事を受けないので，孤立系として扱ってよい．したがって，

$\Delta S_{tot} = \Delta S = nR \ln 2 > 0$. これはまさに 3.1 節で説明した第二法則「孤立系のエントロピーは自発過程の間だけ増加する」の一例であることを示している.

【例題 3.3】 n mol の理想気体の圧力が p_1 から p_2 まで等温で変化するときのエントロピー変化 ΔS を求めよ.

解 温度を T とおき,体積が V_1 から V_2 まで等温可逆膨張したときの ΔS を求めればよく,それは $\Delta S = nR \ln(V_2/V_1)$(式 (3.12))である. $p_1 V_1 = p_2 V_2 = nRT$ より, $V_2/V_1 = p_1/p_2$ なので,これを代入すると $\Delta S = nR \ln(p_1/p_2)$ を得る. なお,この例題文に可逆と限定していないのは誤りではない. なぜか?

【例題 3.4】 25 ℃ の理想気体の体積が 10 cm^3 から 20 cm^3 まで等温可逆膨張した. 最終圧力は 1×10^5 Pa であった. この過程のエントロピー変化を求めよ.

解 $\Delta S = nR \ln(V_2/V_1)$ と $p_2 V_2 = nRT$ を用いる.

$$\Delta S = (1 \times 10^5 \text{ Nm}^{-2}) \times 20 \text{ cm}^3 \times (10^{-6} \text{ m}^3/\text{cm}^3) \times \frac{\ln(20 \text{ cm}^3/10 \text{ cm}^3)}{298.15 \text{ K}}$$

$$= \left\{ \frac{2(\ln 2)}{298.15} \right\} \text{J K}^{-1} = 4.6 \times 10^{-3} \text{ J K}^{-1}$$

(注意:物質量を 1 mol と限定する必要はない).

【例題 3.5】 コックを隔てて 2 つの容器が接続されている. 一方の容器(体積 V_A)には圧力 p_A の理想気体 A が n_A mol,もう一方(体積 V_B)には圧力 p_B の理想気体 B が n_B mol 入っている. 2 つの容器は同じ温度 T に保たれている. コックを開けたときのエントロピー変化(すなわち混合エントロピー)を求めよ. (ヒント:それぞれが別の容器に自由膨張すると考えよ).

解 ヒントにあるように,式 (3.12) を用い気体 A と気体 B が別々に自由膨張すると考えればよいので,

$$\Delta S = n_A R \ln\left\{\frac{V_A + V_B}{V_A}\right\} + n_B R \ln\left\{\frac{V_A + V_B}{V_B}\right\}$$

3.3.2 相転移にともなうエントロピー変化

4 章で詳しく学ぶが,物質の結晶,液体,気体それらの間の状態(相という)の変化を相転移(phase transition)という. 純物質の場合は相転移はその物質固有の温度(相転移温度)T_{trs} で起きる. 相転移の際の熱の出入りは,2.5 節の

式 (2.14) で学んだように，定圧下ではエンタルピー変化 $\Delta_{trs}H$ に等しい．凝固や凝縮の場合は発熱過程であるから $\Delta_{trs}H<0$ であり，融解や蒸発の場合は吸熱過程であるから $\Delta_{trs}H>0$ である（符号は熱 q の定義のときと同じである）．これら[*]の相転移温度においては隣接する2つの状態は共存しており，したがって相転移は可逆過程である．相転移の際のエントロピー変化（相転移エントロピー：transition entropy）は，式 (3.2) より

$$\Delta_{trs}S = \frac{\Delta_{trs}H}{T_{trs}} \tag{3.14}$$

で求められる．$\Delta_{trs}H$ が物質 1 mol 当たりのエンタルピー変化であるとき，$\Delta_{trs}S$ もモル量である．

【例題 3.6】 シクロヘキサンの 1×10^5 Pa の圧力における沸点は 80.7 ℃ であり，標準モル蒸発エンタルピーは 30.1 kJ mol^{-1} である．標準モル蒸発エントロピー（standard molar entropy of vaporization）を求めよ．

解 $\Delta_{vap}S_m^\ominus = \dfrac{30.1 \text{ kJ mol}^{-1}}{353.85 \text{ K}} = 85.06\cdots \text{ J K}^{-1} \text{ mol}^{-1}$

$= 85.1 \text{ J K}^{-1} \text{ mol}^{-1}$

$\ominus$ は標準状態であることを示す記号である（3.5.2 項参照）．

【例題 3.7】 水の 1×10^5 Pa の圧力における沸点は国際温度目盛 ITS-90 に基づけば 99.974 ℃（つまり厳密に 100 ℃ ではない）であり，標準モル蒸発エンタルピーは 40.7 kJ mol^{-1} である．標準モル蒸発エントロピーを求めよ．

解 $\Delta_{vap}S_m = \dfrac{40.7 \text{ kJ mol}^{-1}}{373.124 \text{ K}} = 109.079\cdots \text{ J K}^{-1} \text{ mol}^{-1} = 109 \text{ J K}^{-1} \text{ mol}^{-1}$

なお，例題 3.6 と 3.7 で得られた値の違いは，あとの 4.4.2 項で議論される．

3.3.3 温度変化にともなうエントロピー変化

式 (3.2)' の両辺を状態 1 (温度 T_1) から状態 2 (温度 T_2) まで積分すると，

$$S(T_2) = S(T_1) + \int_{T_1}^{T_2} \frac{\mathrm{d}'q_{rev}}{T} \tag{3.15}$$

となる．定圧下では $\mathrm{d}'q_{rev,p} = \mathrm{d}H_p$ であり，2.6 節（式 (2.18)）で学んだように，

---

[*] もう少し正確にいえば，一次相転移の場合である．

$$dH_p = \left(\frac{dH_p}{dT}\right)dT = C_p\, dT$$

であるから，

$$S(T_2) = S(T_1) + \int_{T_1}^{T_2} \frac{C_p\, dT}{T} \tag{3.16}$$

を得る．もし温度範囲が狭く，その温度領域では C_p が温度に依存しないとみなせるときは，

$$S(T_2) = S(T_1) + C_p \ln \frac{T_2}{T_1} \tag{3.17}$$

となる．

【例題 3.8】 液体の H_2O のモル定圧熱容量 $C_{p,m}$ は $75\,\mathrm{J\,K^{-1}\,mol^{-1}}$ であり，温度変化は無視できるとする．圧力 $1\times10^5\,\mathrm{Pa}$ のもとで，温度が $10\,°\mathrm{C}$ から $90\,°\mathrm{C}$ まで変化したときのモルエントロピー変化 ΔS_m を求めよ．

解 式 (3.17) に代入する．

$$\Delta S_m = 75\,\mathrm{J\,K^{-1}\,mol^{-1}} \ln\left\{\frac{90+273.15\,\mathrm{K}}{10+273.15\,\mathrm{K}}\right\}$$
$$= 18.66\cdots \mathrm{J\,K^{-1}\,mol^{-1}} = 19\,\mathrm{J\,K^{-1}\,mol^{-1}}$$

図 3.6 に安息香酸のモルエントロピー $S_m(T)$ の計算例を示した．安息香酸は，

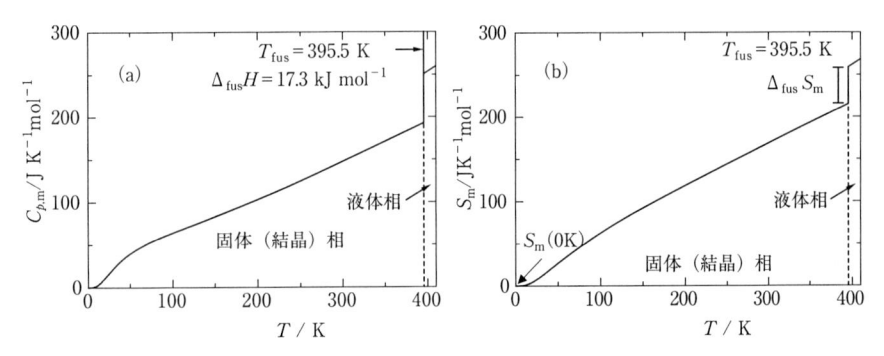

図 3.6 (a) 安息香酸の定圧モル熱容量 $C_{p,m}$ と (b) モルエントロピー S_m の温度依存性（日本化学会（編）：「化学便覧基礎編 改訂2版」, p.871 の表 8.23 と p.916 の表 8.58（丸善, 1975）による）．(a) における $T_{\mathrm{fus}}=395.5\,\mathrm{K}$ の鋭いピークが融解にともなう吸熱ピークで，その面積から融解エンタルピー（$\Delta_{\mathrm{fus}}H$）が求められる．(b) の $S_m(T)$ は $C_{p,m}/T$ を $T=0\,\mathrm{K}$ から各温度 T まで積分したものであり，融点ではさらに融解エントロピー $\Delta_{\mathrm{fus}}S_m$ が加算される．

$T_{fus}=395.5$ K まで結晶相であり,この温度で融解して液体相になる.400 K のモルエントロピー $S_m(400\text{ K})$ は,式 (3.14) と式 (3.16) を利用して,

$$S_m(400\text{ K})=S_m(0\text{ K})+\int_{0\text{K}}^{395.5\text{ K}}\frac{C_{p,m}\,dT}{T}+\frac{\Delta_{fus}H}{T_{fus}}+\int_{395.5\text{K}}^{400\text{K}}\frac{C_{p,m}\,dT}{T} \qquad (3.18)$$

のように求まる.

3.4 ミクロな視点から見たエントロピー増大の意味

3.4.1 ボルツマンによるエントロピーの定義

第二法則でエントロピーと呼ばれる状態量が導入されたわけであるが,式 (3.2) で定義されたのはエントロピーそれ自身ではなくエントロピーの変化である.実際,クラウジウスはエントロピーの変化しか定義できなかった.しかし多少の類推はできる.式 (3.12) を分解すると,$\Delta S=S_2-S_1=nR\ln V_2-nR\ln V_1$ となるので,エントロピーは $S=nR\ln V+$ 定数 の形であることが予想される.理想気体の場合,定数項を無視すれば,エントロピーが気体分子数に比例することや体積 V の対数に比例することも予想される.実は,第 5 章で詳しく議論される統計熱力学の展開から,ボルツマンは **1 個の原子もしくは分子**に対して次のようにエントロピーを定義した.

$$S=k\ln W \qquad (3.19)$$

ここで,k はボルツマン定数,W は考えている条件下での原子もしくは分子がとることのできる微視的状態の数である.式 (3.19) をボルツマンの式という.状態の数の詳しい説明は第 5 章に譲るとして,ここでは単純に,$W=1$ は一つの状態しかとりえない,すなわち完全な秩序状態であることを意味し,一方 W すなわち微視的状態の数が大きいことは,とりうる状態が多数のエネルギー準位に分布していることあるいは運動の自由度が大きいことを意味し,いわば乱れた状態であると考えよう.気体分子の場合,占める体積のどこに存在してもよいわけであるから,$W\propto V$ は直観的に受け入れられよう:$W=$ 定数 $\times V$.エントロピーが示量性量であることに注意すると,n mol の気体分子のエントロピーは,

$$S=nLk\ln(\text{定数}\times V)=nR\ln(\text{定数}\times V)=nR\ln V+nR\ln(\text{定数})$$

と書ける.$nR\ln$(定数)を再び定数と置けば,熱力学から予想されるエントロピーの式と一致する.つまり,統計熱力学において分子論的な考察から定義され

たエントロピーは，熱力学で扱われているエントロピーと同じものである．

式 (3.19) は，エントロピーのより直感的な理解に便利である．すなわち，エントロピーはある種の乱れの量に対応しており，エントロピーの増加は系がより乱れた状態へと変化していることを表す．また，自然界では，エネルギー以外の観点として，エントロピーが増加する方向が起こりやすい方向であると理解すれば，理想気体の等温自由膨張のように，内部エネルギーが一定であっても自発的に進む現象があることも理解できる．そういえば，われわれの日常生活でも，外

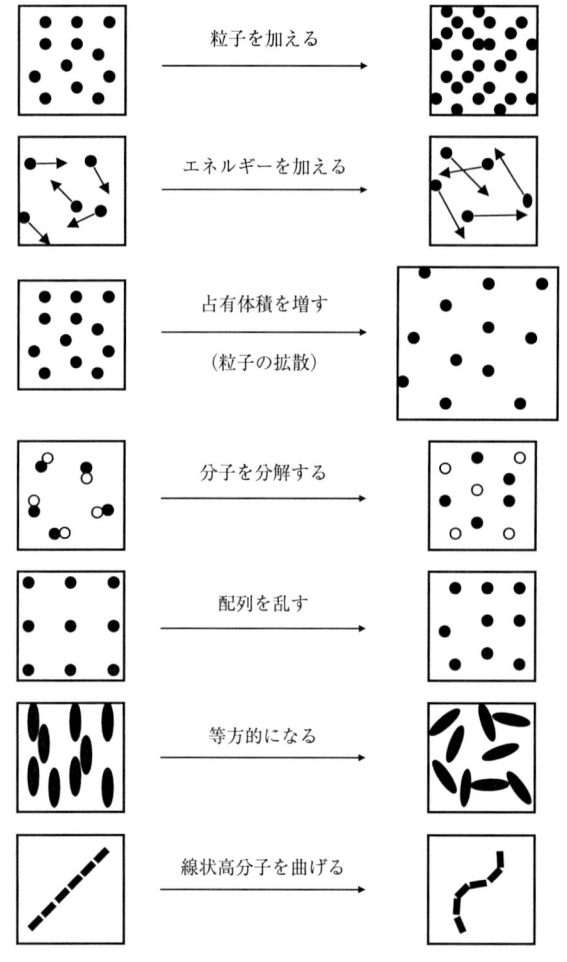

● ● ● ● ● ● ● ● ●	粒子を加える →	● ● ● ● ● ● ● ● ● ● ● ● ● ● ●
● → ● ↑ ↗ ● ● ↖ ●	エネルギーを加える →	● ↗ ● ↖ ↘ ● ● → ●
● ● ● ● ● ● ● ● ●	占有体積を増す （粒子の拡散） →	● ● ● ● ● ● ● ● ●
●○ ●○ ○● ●○ ●○ ○●	分子を分解する →	● ○ ● ○ ● ○ ● ○ ●
● ● ● ● ● ● ● ● ● ● ● ●	配列を乱す →	● ● ● ● ● ● ● ● ●
(aligned ellipses)	等方的になる →	(randomly oriented ellipses)
/ (straight line)	線状高分子を曲げる →	～ (bent line)

図 3.7 エントロピー増大を示す現象の例（参考文献 8 の p.55，図 4.10 を改変）

部から掃除の手が入らない限り，部屋は自発的に限りなく乱れていくではないか．

3.4.2　さまざまな現象のエントロピー増大

エントロピーがある種の乱れの量に対応していて，エントロピーの増加は「系のより乱れた状態への変化」を意味するという理解は，さまざまな現象のエントロピー増大の理解を容易にする．図3.7にいくつかの例をあげた．一見無関係に見える高分子のゴム弾性もエントロピーが起源である．学べば学ぶほど，身の回りの多くの現象がエントロピー増大と関係していることを知るであろう．

3.5　第　三　法　則

3.5.1　ネルンストの熱定理と第三法則

3.3節の式（3.18）で，物質について，モルエントロピーの変化 ΔS_m ではなくモルエントロピー S_m が計算できることを述べた．しかし，$S_m(0\,\mathrm{K})$ の値はどうすればよいのであろうか．これを考える手がかりは次のような事実である．

1つの物質の結晶の構造は，1種類とは限らない．異なる構造の複数の結晶状態（多形という）をとることができる物質がある．イオウはその一つであり，368.5 K の相転移温度 T_{trs} を境に低温側では斜方晶系の構造（これを斜方イオウと呼ぶ）が，高温側では単斜晶系の構造（単斜イオウ）が安定である．しかしな

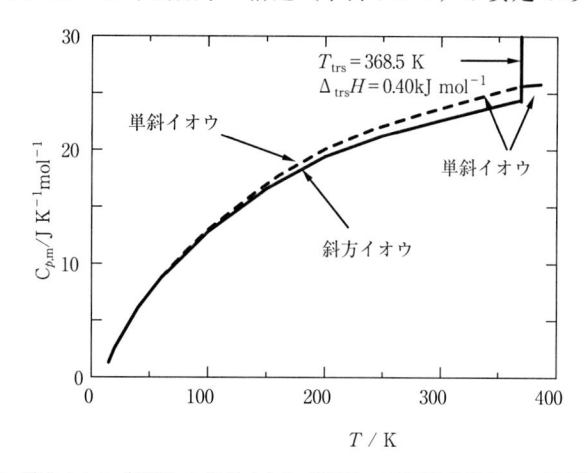

図3.8　斜方イオウ（実線）と単斜イオウ（破線）の定圧熱容量 $C_{p,m}$ の温度依存性
　　　（参考文献1の p.153，表9.2.1 (a) (b) による）

がら，高温側の単斜イオウは 368.5 K より低温であっても直ちに斜方イオウに変化するわけでなく（この現象を過冷という．液体の水が 0 ℃ で直ちに凍らないのと同じ現象である．詳しくは 4.3 節を見よ），結果として，斜方イオウだけでなく，破線で示したように，単斜イオウの定圧熱容量 $C_{p,m}$ も低温まで測定することができる．図 3.8 はその結果である．すでに説明したように，この図の値を温度で除した後 $T=0\,\mathrm{K}$ から各温度 $T\,(<368.5\,\mathrm{K})$ まで積分すれば，その温度でのエントロピーが求められる：

$$S_\mathrm{m}(斜方, T) = S_\mathrm{m}(斜方, 0\,\mathrm{K}) + \int_{0\,\mathrm{K}}^{T} C_{p,\mathrm{m}}(斜方, T)\frac{\mathrm{d}T}{T} \qquad ①$$

$$S_\mathrm{m}(単斜, T) = S_\mathrm{m}(単斜, 0\,\mathrm{K}) + \int_{0\,\mathrm{K}}^{T} C_{p,\mathrm{m}}(単斜, T)\frac{\mathrm{d}T}{T} \qquad ②$$

式②から式①を引くと，各温度 T での斜方イオウから単斜イオウへの転移エントロピーが次のように求まる．

$$\begin{aligned}\Delta_{斜方 \to 単斜} S_\mathrm{m}(T) &= S_\mathrm{m}(単斜, T) - S_\mathrm{m}(斜方, T) \\ &= [S_\mathrm{m}(単斜, 0\,\mathrm{K}) - S_\mathrm{m}(斜方, 0\,\mathrm{K})] \\ &\quad + \left[\int_{0\,\mathrm{K}}^{T} C_{p,\mathrm{m}}(単斜, T)\frac{\mathrm{d}T}{T} - \int_{0\,\mathrm{K}}^{T} C_{p,\mathrm{m}}(斜方, T)\frac{\mathrm{d}T}{T}\right] \qquad ③\end{aligned}$$

図 3.8 より明らかに，$T \to 0\,\mathrm{K}$ で斜方イオウと単斜イオウの $C_{p,\mathrm{m}}$ は漸近しているので，式③の第 2 項は $T \to 0\,\mathrm{K}$ で 0 に近づく．したがって，$T \to 0\,\mathrm{K}$ で，

$$\Delta_{斜方 \to 単斜} S_\mathrm{m}(T) \to [S_\mathrm{m}(単斜, 0\,\mathrm{K}) - S_\mathrm{m}(斜方, 0\,\mathrm{K})]$$

となる．ここで，$S_\mathrm{m}(単斜, 0\,\mathrm{K}) = S_\mathrm{m}(斜方, 0\,\mathrm{K})$ と考えれば，$T \to 0\,\mathrm{K}$ で，

$$\Delta_{斜方 \to 単斜} S_\mathrm{m}(T) \to 0$$

となる．これはネルンスト（Nernst）の熱定理と呼ばれるもので，「物理的もしくは化学的状態変化にともなうエントロピー変化 $\Delta S_\mathrm{m}(T)$ は，温度 T が 0 に近づくにつれて，0 に近づく．」と表現される．

この定理のわかりにくい点は，$S_\mathrm{m}(単斜, 0\,\mathrm{K}) = S_\mathrm{m}(斜方, 0\,\mathrm{K})$ といっているだけで，$S_\mathrm{m}(単斜, 0\,\mathrm{K}) = S_\mathrm{m}(斜方, 0\,\mathrm{K}) = 0$ とはいっていないことである．それは，0 K のモルエントロピー $S_\mathrm{m}(0\,\mathrm{K})$ の値を一義的に決められないことからきている．しかし，0 とおいても不都合はなさそうである．また，ボルツマンの式（3.19）によれば，完全な秩序状態 $W=1$ ではエントロピー S は 0 である．$T=0\,\mathrm{K}$ では，あらゆる熱的なゆらぎや乱れが排除されるはずであり，完全な秩序状

態 $W=1$ が実現していると考えても問題はない．このような考察を経て，次の熱力学第三法則（third law of thermodynamics）がまとめられた：「すべての純物質の完全結晶のエントロピーは $T=0\,\text{K}$ で 0 になる（$S(0\,\text{K})=0$）」．この法則は，ネルンスト-プランク（Nernst-Planck）の定理とも呼ばれる．

上に述べたことからわかるように，この法則も，熱力学の他の法則と同様，もっともらしいが，実験的に厳密に証明されているものではない．また，熱による乱れが完全に排除された「完全」結晶などというものがこの世に容易に実現されるはずもないので，本によっては「いかなる方法をもってしても絶対零度に到達することはできない」と言い換えられ，これを熱力学第三法則と呼んでいる場合もある．

3.5.2 標準エントロピー

熱力学第三法則を正しいとみなして定められるエントロピーを，第三法則エントロピー（third-law entropy）もしくは標準エントロピー（standard entropy）と呼ぶ．標準状態，すなわち圧力が $p=1\times10^5\,\text{Pa}$ における温度 T の標準エント

表3.1 標準モルエントロピー

物 質	$S_\text{m}^\ominus/\text{JK}^{-1}\text{mol}^{-1}$	物 質	$S_\text{m}^\ominus/\text{JK}^{-1}\text{mol}^{-1}$	物 質	$S_\text{m}^\ominus/\text{JK}^{-1}\text{mol}^{-1}$
Ag(s)	42.7	H_2O_2(l)	109.6	CH_3COOH(l)	159.8
AgCl(s)	96.1	Hg(l)	76.0	C_2H_2(g)	200.8
Al(s)	28.3	I_2(s)	116.1	C_6H_6(g)	269.2
Al_2O_3(s)	51.0	HI(g)	206.6	C_2H_5OH(l)	160.7
Br_2(l)	152.1	Mg(s)	32.7	C_2H_6(g)	225.5
HBr(g)	198.7	MgO(s)	26.9	C_2H_4(g)	219.5
C(graphite)	5.7	N_2(g)	191.5	HCOOH(l)	129.0
C(diamond)	2.4	NH_3(g)	192.5	$C_6H_{12}O_6$(s)	212.1
CO(g)	197.9	NO(g)	210.6	CH_4(g)	186.3
CO_2(g)	213.6	NO_2(g)	240.0	CH_3OH(l)	126.8
Ca(s)	41.6	N_2O_4(g)	304.4	C_3H_8(g)	270.0
CaO(s)	39.7	O(g)	161.1	$C_{12}H_{22}O_{11}$(s)	360
$CaCO_3$(s)	92.9	O_2(g)	205.1		
Cl_2(g)	223.0	O_3(g)	238.9		
HCl(g)	186.7	S(斜方)	31.8		
Cu(s)	33.1	S(単斜)	—		
CuO(s)	42.6	SO_2(g)	248.2		
H(g)	114.6	SO_3(g)	256.8		
H_2(g)	130.6	H_2S(g)	205.8		
H_2O(g)	188.7	ZnO(s)	43.6		
H_2O(l)	69.9				

ロピーを $S^{\ominus}(T)$ と書く．通常，温度は298.15 K（25 ℃）を基準にすることが多く，この温度での値がデータとして多く蓄積されている．代表的な値を表3.1にまとめた．

2.9節で学んだ標準反応エンタルピーと同様，生成系のモルエントロピーの総和から原系のモルエントロピーの総和を引くことで，標準反応エントロピー（standard entropy of reaction）$\Delta_r S^{\ominus}$ を定義することができる：

$$\Delta_r S^{\ominus} = \sum_{\text{生成系}} S_m^{\ominus} - \sum_{\text{原系}} S_m^{\ominus} \tag{3.20}$$

【例題 3.9】 25℃における $H_2O(g)$ と $H_2O(l)$ の標準モルエントロピーはそれぞれ 188.7 J K^{-1} mol^{-1} と 69.9 J K^{-1} mol^{-1} である．これについて考察せよ．

解 一般に液体より気体の方が運動の自由度を多く獲得しているので，同一物質なら標準モルエントロピーは液体より気体の方が大きい．

【例題 3.10】 25℃における次の2つの反応の標準反応エントロピーを計算せよ．標準モルエントロピーの値は表3.1にまとめられている．

(a) $H_2(g) + \dfrac{1}{2} O_2(g) \rightarrow H_2O(g)$

(b) $H_2(g) + \dfrac{1}{2} O_2(g) \rightarrow H_2O(l)$

解 (a) $\Delta_r S = \{188.7 - (130.6 + 0.5 \times 205.1)\}$ J K^{-1} mol^{-1} = -44.5 J K^{-1} mol^{-1}

(b) $\Delta_r S = \{69.9 - (130.6 + 0.5 \times 205.1)\}$ J K^{-1} mol^{-1} = -163.3 J K^{-1} mol^{-1}

3.5.3 断熱消磁

いろいろな物質に対して，エントロピー変化のみならず，エントロピーそれ自身も計算できるようになった．しかし，自発過程（あるいは不可逆過程）の理解に便利であるとはいっても，エントロピーは，エネルギーと異なり，実体のない架空のものという印象が依然残る．その理由として，エントロピーにおいては0が厳密に決まらないことをあげられるかもしれない．しかしながら，0の任意性ではエネルギーもエントロピーと同じである．量子化学においてはしばしばエネルギーが負であることを目にする．エネルギーにおいても，エントロピー同様，日常生活では差だけが問題になる．エントロピーの重要性を理解するためにも，この節では最後に，エントロピー変化を積極的に応用した例として断熱消磁

(adiabatic demagnetization) を紹介する.

比較的低温にある常磁性物質を考えよう. 電子は磁場中でスピンと呼ばれるミクロな磁石として振る舞うが, 磁場がないときは, スピンは熱により乱雑な方向を向いており, 磁場が印加されるとある程度整列する. したがって, 図3.7で説明したように, 磁場があるときのエントロピーは磁場がないときのエントロピーより小さい. また, 両者のエントロピー差は, 第三法則によれば, $T \to 0\,\mathrm{K}$ で 0 に近づくので, 図3.9のようであることが理解される. このことは, 次のようにも理解できる: 磁場がないときの曲線の方が常に大きく $T=0\,\mathrm{K}$ で一致しなければ, 有限回の断熱消磁により $T=0\,\mathrm{K}$ に到達することになり, 「いかなる方法をもってしても絶対零度に到達することはできない」という第三法則に矛盾することになる.

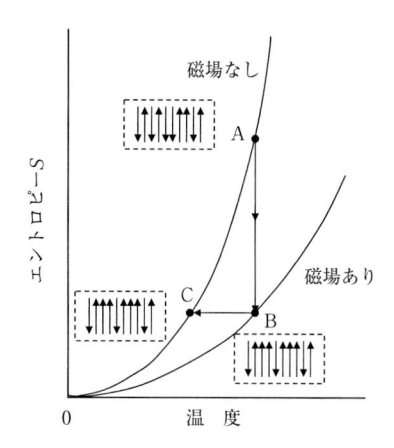

図3.9 断熱消磁による低温生成のメカニズム. A から B へは等温的に磁場が印加され, B から C へは断熱的に (エントロピー一定で) 磁場が除かれる.

A の状態から出発する. A の状態では, 上向きスピンと下向きスピンは合計 5 個ずつあるように描かれている. この状態で, 等温的に磁場を印加すると, 上向きのスピンの数が増加し, B の状態になる. スピンが整列するのはその方が系はエネルギー的に安定であるからであり, 温度は変化しないが, 系は余分のエネルギーを熱として周囲に放出する. またスピンはある程度整列するので系のエントロピーは減少する. この状態で周囲との熱接触を断ち, ゆっくりと磁場を取り除くのが断熱消磁である. その結果得られる状態は, 磁場がない場合において, A よりは低温の状態に対応している. 断熱でなければ再び周囲からエネルギーをもらって A の状態に戻るであろうが, 厳密なことを問題にしなければこの場合はエントロピーは一定と考えてよく ($q=0$ かつ可逆と近似できるので $\Delta S=0$), C の状態にいかざるをえない. すなわち系の温度は下がることになる. 実際この方法で超低温が実現している. 電子スピンの代わりに銀やロジウムの原子核スピンを利用することにより, 目下の世界記録は $0.5 \times 10^{-9}\,\mathrm{K}$ である[*].

---

[*] 益田義賀: 低温物理の 50 年, 日本物理学会誌, 第 51 巻, pp.323-331 (1996).

3.6 自由エネルギー

3.6.1 ヘルムホルツエネルギーとギブズエネルギー

本章では，これまで自然界の熱現象を支配するものとして内部エネルギー U やエンタルピー H 以外にエントロピー S があることを述べてきた．そして，孤立系のエントロピーが増加するならば，自発過程であることも述べた．しかし，孤立系でなく外界とやりとりをしている系については，内部エネルギーも変化する（ことが多い）．この場合は，クラウジウスの不等式（式 (3.4)）を使えばよいのであるが，その導出過程を見ればわかるように，系と外界の両方のエントロピーを考慮する必要がある．もっと便利な方法はないのであろうか．定量的に扱うにしても，エネルギーの方がわかりやすい．本節では，エネルギーとエントロピーを統一的に扱うために，次の2つの自由エネルギーを導入する．1つはヘルムホルツエネルギー（Helmholtz energy）と呼ばれ，しばしば A で与えられ，

$$A \equiv U - TS \tag{3.21}$$

と定義される．もう1つはギブズエネルギー（Gibbs energy）G であり，

$$G \equiv H - TS \tag{3.22}$$

と定義される．示強性状態量である T を除けば，U, H, S は示量性状態量であるから，A と G も示量性状態量である．

ヘルムホルツエネルギー A から考えよう．閉鎖系の場合，A の微小変化は

$$dA = dU - SdT - TdS$$

と書ける．等温定容過程（$dT=0$ かつ $dV=0$）で膨張収縮以外の仕事がないとすると，膨張仕事 $d'w=0$ なので $dU_{T,V} = d'q_{T,V}$ であり，これを代入すると，

$$dA_{T,V} = d'q_{T,V} - TdS_{T,V}$$

となる．クラウジウスの不等式（式 (3.4)）を書き直した次の式

$$d'q - TdS \leq 0 \tag{3.4}'$$

を代入すると，等温定容過程では

$$dA_{T,V} \leq 0 \tag{3.23}$$

を得る．すなわち，**自然界では，等温定容過程は A が減る方向に進み，$dA_{T,V}$ が負になるときが自発過程，等号は可逆過程であることがわかる．**

次に閉鎖系での等温定圧過程（$dT=0$ かつ $dp=0$）を考えよう．上と同様，膨

張収縮以外の仕事がないとすると，$\mathrm{d}H_{T,p}=\mathrm{d}'q_{T,p}$ であるから，ギブズエネルギー G の微小変化は，

$$\mathrm{d}G_{T,p}=\mathrm{d}'q_{T,p}-T\mathrm{d}S_{T,p}$$

と書ける．式 (3.4)′ を代入すると，

$$\mathrm{d}G_{T,p}\leq 0 \tag{3.24}$$

を得る．すなわち，**自然界では，等温定圧過程は G が減る方向に進み，$\mathrm{d}G_{T,p}$ が負になるときが自発過程，等号は可逆過程であることがわかる**．

式 (3.23) と式 (3.24) は，系の変化が自発過程と可逆過程のどちらであるかをエネルギーの観点から示しており，わかりやすくまた使用する際に大変便利である．あとの 3.9 節で議論されるが，可逆ということは，系が平衡状態にあるといいかえてもよく，それゆえに式 (3.23) と式 (3.24) はそれぞれ等温定容過程，等温定圧過程における平衡の条件でもある．

3.6.2 最 大 仕 事

いまいちど，ヘルムホルツエネルギーに戻ろう．等温過程では，

$$\mathrm{d}A_T=\mathrm{d}U_T-T\mathrm{d}S_T$$

であり，内部エネルギー変化 $\mathrm{d}U_T=\mathrm{d}'q_T+\mathrm{d}'w_T$ を代入すると，

$$\mathrm{d}A_T=\mathrm{d}'q_T+\mathrm{d}'w_T-T\mathrm{d}S_T$$

となる．式 (3.4)′ を代入すると，

$$\mathrm{d}A_T\leq \mathrm{d}'w_T$$

を得る．系が外部に対して仕事をするときは $\mathrm{d}'w_T\leq 0$ であるので，上の式は

$$\mathrm{d}A_T\leq \mathrm{d}'w_T\leq 0 \tag{3.25}$$

となる．あるいはこの式を積分して，

$$\Delta A_T\leq w_T\leq 0 \tag{3.25}'$$

を得る．式 (3.25) もしくは式 (3.25)′ は次のことを意味する．等温過程の初期状態と最終状態を決めれば，$\mathrm{d}A_T$ もしくは ΔA_T はある一つの値をとるが，w は経路に依存する量なので，$\mathrm{d}'w_T$ もしくは w_T は依然任意の値をとり得る．その中で，系が最も大きい仕事をする場合は $\mathrm{d}'w_T$ もしくは w_T が負に最大のときであり，可逆過程のときである：$w_{T,\mathrm{max}}=\Delta A_T(<0)$．$A$ に自由エネルギーという名が与えられている理由もここにあって，ΔA は等温過程のある与えられた過程において仕事へまわせるエネルギーの最大値を示している．

次にギブズエネルギーを考える．1章の表 1.2 で示されているように，仕事には膨張圧縮にともなう仕事以外にも，さまざまな種類の仕事がある．前者を pV 仕事，後者を非 pV 仕事と呼ぶことにする．式（3.24）を導く過程において，無視していた非 pV 仕事を $w_{\text{non-}pV}$ と表記し考慮に入れると，等温定圧過程におけるギブズエネルギーの微小変化は

$$dG_{T,p} \leq d'w_{\text{non-}pV} \leq 0 \tag{3.26}$$

となる．あるいはこの式を積分して，

$$\Delta G_{T,p} \leq w_{\text{non-}pV} \leq 0 \tag{3.26}'$$

を得る．上と同様の議論により，系が最も大きい非 pV 仕事をする場合は $d'w_{\text{non-}pV}$ もしくは $w_{\text{non-}pV}$ が負に最も大きいときであり，可逆過程のときである：$w_{\text{non-}pV,\max} = \Delta G_{T,p}$．非 pV 仕事の代表例は電気的な仕事であり，式（3.26）や式（3.26）′ は電池の電気的な仕事を評価するのに有用である．さらに詳しくは，3.10 節で議論する．

3.6.3 標準生成ギブズエネルギー

2.8 節で学んだ標準反応エンタルピー $\Delta_r H^\ominus$ と 3.5.2 項で学んだ標準反応エントロピー $\Delta_r S^\ominus$ が与えられていれば，次の式に従って標準反応ギブズエネルギー（standard Gibbs energy of reaction）$\Delta_r G^\ominus$ を計算することができる．

$$\Delta_r G^\ominus = \Delta_r H^\ominus - T\Delta_r S^\ominus \tag{3.27}$$

さらに，このように定義された $\Delta_r G^\ominus$ を，ある化合物を基準状態の元素から生成する反応に対して適用した場合，それをその化合物の標準生成ギブズエネルギー（standard Gibbs energy of formation）$\Delta_f G^\ominus$ と呼ぶ．元素の基準状態としては，2.9 節で学んだように，標準状態においてその元素のもっとも安定な形態を選ぶ．定義からわかるように，基準状態の元素の $\Delta_f G^\ominus$ は 0 である．298.15 K（25 ℃）の $\Delta_f G^\ominus$ については多くのデータの蓄積があり，いくつかの代表的な物質の値を表 3.2 にまとめた．$\Delta_f G^\ominus$ が与えられていれば，任意の反応の標準反応ギブズエネルギー $\Delta_r G^\ominus$ は

$$\Delta_r G^\ominus = \sum_{\text{生成系}} \Delta_f G^\ominus - \sum_{\text{原系}} \Delta_f G^\ominus \tag{3.28}$$

で得られる．

式（3.24）の指針より，$\Delta_r G^\ominus$ が負なら生成系へ進む反応が自発的に起こることがわかる．正なら逆方向の原系への反応が自発的となる．

3.6 自由エネルギー

表 3.2 標準生成ギブズエネルギー

物 質	$\Delta_f G^\ominus$/kJ mol^{-1}	物 質	$\Delta_f G^\ominus$/kJ mol^{-1}	物 質	$\Delta_f G^\ominus$/kJ mol^{-1}
Ag(s)	0	H$_2$O$_2$(l)	-120.4	CH$_3$COOH(l)	-389.9
AgCl(s)	-108.7	Hg(l)	0	C$_2$H$_2$(g)	209.8
Al(s)	0	I$_2$(s)	0	C$_6$H$_6$(g)	129.7
Al$_2$O$_3$(s)	-1581.9	HI(g)	1.7	C$_2$H$_5$OH(l)	-174.8
Br$_2$(l)	0	Mg(s)	0	C$_2$H$_6$(g)	-32.9
HBr(g)	-53.5	MgO(s)	-569.4	C$_2$H$_4$(g)	68.1
C(graphite)	0	N$_2$(g)	0	HCOOH(l)	-346.0
C(diamond)	2.9	NH$_3$(g)	-16.6	C$_6$H$_{12}$O$_6$(s)	-910.6
CO(g)	-137.3	NO(g)	86.7	CH$_4$(g)	-50.7
CO$_2$(g)	-394.4	NO$_2$(g)	51.2	CH$_3$OH(l)	-166.3
Ca(s)	0	N$_2$O$_4$(g)	97.8	C$_3$H$_8$(g)	-23.4
CaO(s)	-604.0	O(g)	231.7	C$_{12}$H$_{22}$O$_{11}$(s)	-1542
CaCO$_3$(s)	-1128.0	O$_2$(g)	0		
Cl$_2$(g)	0	O$_3$(g)	163.2		
HCl(g)	-95.3	S(斜方)	0		
Cu(s)	0	S(単斜)	$-$		
CuO(s)	-129.7	SO$_2$(g)	-300.2		
H(g)	203.3	SO$_3$(g)	-371.1		
H$_2$(g)	0	H$_2$S(g)	-33.6		
H$_2$O(g)	-228.6	ZnO(s)	-318.3		
H$_2$O(l)	-237.2				

また，計算式上は，式 (3.27) から，反応が発熱的 ($\Delta_r H^\ominus$ が負) であって，$\Delta_r S^\ominus$ も正か，負であってもその絶対値がそれほど大きくなければ，$\Delta_r G^\ominus$ は負になる．反応が吸熱的 ($\Delta_r H^\ominus$ が正) であっても，$\Delta_r S^\ominus$ が正でかつある程度大きければ，$\Delta_r G^\ominus$ は負になる．反応が自発的か否かは，吸発熱だけに支配されるわけではないことがわかる．この一見わかりやすい考え方には，しかし，思わぬ誤りに迷い込む危険性があることにも注意しなければならない．なぜなら，系の量としては $\Delta_r H^\ominus$ と $\Delta_r S^\ominus$ は互いに全く無関係というわけではない．本当は，$-\Delta_r H^\ominus/T$ は等温定圧条件下では外界のエントロピー変化であり (式 (3.1) よりいつでもこう書ける)，$\Delta_r S^\ominus$ は系のエントロピー変化であり，その総和 $\Delta_r S_\text{tot}$ が増加すれば自発過程であることの別表現が $\Delta_r G^\ominus > 0$ である．

3.7 熱力学的関係式

3.7.1 自然な変数とマクスウェルの関係式

内部エネルギーの微小変化 $dU = d'q + d'w$ を閉鎖系の非 pV 仕事がない可逆過程に対して考えると，

$$d'q_{\text{rev}} = TdS, \quad d'w_{\text{rev}} = -pdV \tag{3.29}$$

であるので，

$$dU = TdS - pdV \tag{3.30}$$

と書ける．式（3.30）において，U は状態量であるから，dU は完全微分である．したがって式（3.30）は可逆過程か不可逆過程かという経路にかかわらず成り立つ．このことは，導く過程での「可逆過程」という制限と矛盾するように思える．実は，「可逆過程」は $d'q_{\text{rev}}$ と $d'w_{\text{rev}}$ に関する式（3.29）の導出に必要なだけである．不可逆過程では，クラウジウスの不等式が示すとおり $d'q < TdS$ であると同時に $d'w > -pdV$ であって（この一番極端な場合が自由膨張の $d'w = 0$ の場合である），式（3.30）は依然として成り立つ．もっとも，「閉鎖系で非 pV 仕事なし」の仮定は残っている．可逆過程でも不可逆過程でも成り立つ式（3.30）に関して，次に指摘すべきことは，U が S と V の関数であることを示していることである．この S と V を U の自然な変数（natural variables）と呼ぶ．「自然な」とは，たとえば，V が温度だけの関数 $V(T)$ になる場合であれば，U は S と T の関数といってもいいわけであるが，そういう特別なことは考えないという意味である．また dU は完全微分であるから，この条件下で，

$$dU = \left(\frac{\partial U}{\partial S}\right)_V dS + \left(\frac{\partial U}{\partial V}\right)_S dV \tag{3.31}$$

とも書け，式（3.30）と式（3.31）を対応させると，

$$\left(\frac{\partial U}{\partial S}\right)_V = T, \quad \left(\frac{\partial U}{\partial V}\right)_S = -p \tag{3.32}$$

を得る．さらには 2.3 節で学んだように U が状態量であることは微分の順序の入れ替えを可能にし，式（3.32）より，

$$\left(\frac{\partial T}{\partial V}\right)_S = \left(\frac{\partial}{\partial V}\left(\frac{\partial U}{\partial S}\right)_V\right)_S = \left(\frac{\partial}{\partial S}\left(\frac{\partial U}{\partial V}\right)_S\right)_V = \left(\frac{\partial (-p)}{\partial S}\right)_V = -\left(\frac{\partial p}{\partial S}\right)_V$$

すなわち

$$\left(\frac{\partial T}{\partial V}\right)_S = -\left(\frac{\partial p}{\partial S}\right)_V \tag{3.33}$$

を得る．この一見奇妙な関係式をマクスウェルの関係式（Maxwell relation）という．この関係式は，電磁気学でも有名な物理学者マクスウェルにより最初に提案されたものである．

同様な関係式があと3つある．

ギブズエネルギーの微小変化 $dG = dH - d(TS)$ を，上と同様，導出の過程では閉鎖系の非 pV 仕事がない可逆過程に対して考えると，

$$\begin{aligned}
dG &= dH - d(TS) \\
&= d(U + pV) - d(TS) \\
&= d'q_{\mathrm{rev}} + d'w_{\mathrm{rev}} + d(pV) - d(TS) \\
&= TdS - pdV + Vdp + pdV - SdT - TdS \\
&= Vdp - SdT
\end{aligned} \tag{3.34}$$

これは G が p と T の関数であることを示しており，

$$dG = \left(\frac{\partial G}{\partial p}\right)_T dp + \left(\frac{\partial G}{\partial T}\right)_p dT \tag{3.35}$$

とも書け，上二式を対応させると，

$$\left(\frac{\partial G}{\partial p}\right)_T = V, \quad \left(\frac{\partial G}{\partial T}\right)_p = -S \tag{3.36}$$

となる． G に対する微分順序の入れ替え可能より，

$$\left(\frac{\partial V}{\partial T}\right)_p = \left(\frac{\partial}{\partial T}\left(\frac{\partial G}{\partial p}\right)_T\right)_p = \left(\frac{\partial}{\partial p}\left(\frac{\partial G}{\partial T}\right)_p\right)_T = \left(\frac{\partial (-S)}{\partial p}\right)_T = -\left(\frac{\partial S}{\partial p}\right)_T$$

すなわち，

$$\left(\frac{\partial V}{\partial T}\right)_p = -\left(\frac{\partial S}{\partial p}\right)_T \tag{3.37}$$

を得る．式（3.37）は，偏微分を分数と見れば，式（3.33）の分子分母の入替型である（入替とともに添え字も置き換わっている）．

同様の手順により，エンタルピー H の微小変化から

$$\left(\frac{\partial T}{\partial p}\right)_S = \left(\frac{\partial V}{\partial S}\right)_p \tag{3.38}$$

を，ヘルムホルツエネルギー A の微小変化から

$$\left(\frac{\partial p}{\partial T}\right)_V = \left(\frac{\partial S}{\partial V}\right)_T \tag{3.39}$$

を得る（章末演習問題 3.1）．

まとめると，以下のようになる．

$$\mathrm{d}U = T\mathrm{d}S - p\mathrm{d}V, \quad \text{したがって} \quad \left(\frac{\partial U}{\partial S}\right)_V = T, \left(\frac{\partial U}{\partial V}\right)_S = -p$$

$$\mathrm{d}H = T\mathrm{d}S + V\mathrm{d}p, \quad \text{したがって} \quad \left(\frac{\partial H}{\partial S}\right)_p = T, \left(\frac{\partial H}{\partial p}\right)_S = V$$

$$\mathrm{d}A = -p\mathrm{d}V - S\mathrm{d}T, \quad \text{したがって} \quad \left(\frac{\partial A}{\partial V}\right)_T = -p, \left(\frac{\partial A}{\partial T}\right)_V = -S$$

$$\mathrm{d}G = V\mathrm{d}p - S\mathrm{d}T, \quad \text{したがって} \quad \left(\frac{\partial G}{\partial p}\right)_T = V, \left(\frac{\partial G}{\partial T}\right)_p = -S$$

マクスウェルの関係式

$$\left(\frac{\partial T}{\partial V}\right)_S = -\left(\frac{\partial p}{\partial S}\right)_V$$

$$\left(\frac{\partial T}{\partial p}\right)_S = \left(\frac{\partial V}{\partial S}\right)_p$$

$$\left(\frac{\partial p}{\partial T}\right)_V = \left(\frac{\partial S}{\partial V}\right)_T$$

$$\left(\frac{\partial V}{\partial T}\right)_p = -\left(\frac{\partial S}{\partial p}\right)_T$$

これらの関係式は，直観的には理解しにくく，うんざりされている読者も多いのではなかろうか．しかし，これらの関係式は，他の多くの有用な熱力学的関係式を導く際にはきわめて強力な武器となる．マクスウェルの関係式がなければ導けない関係式の一例を次の 3.7.2 項で紹介する．

なお，マクスウェルの関係式の覚え方はいろいろあると思われるが，たとえば図 3.10 のダイアグラムが提案されている．このダイアグラムでは，右回りに p, T, V, S と記号を付す．頂点の p と左の S を覚えれば，向かい合う対，p と V，S と T は，その積がエネルギーの次元を持つようになっている（H, A, G の表式を見よ）．また，p と S，それとこれに向かい合う T と V を二重線で結んである．おのおのの文字の前に "∂" をつけてみると，たとえば図 (a) の場合，実線の矢印の辺の上下にある量の比が等号で結べ，さらにぐるっとまわった文字が

3.7 熱力学的関係式

(a) $\left(\dfrac{\partial p}{\partial T}\right)_V = \left(\dfrac{\partial S}{\partial V}\right)_T$ (b) $\left(\dfrac{\partial p}{\partial S}\right)_V = -\left(\dfrac{\partial T}{\partial V}\right)_S$

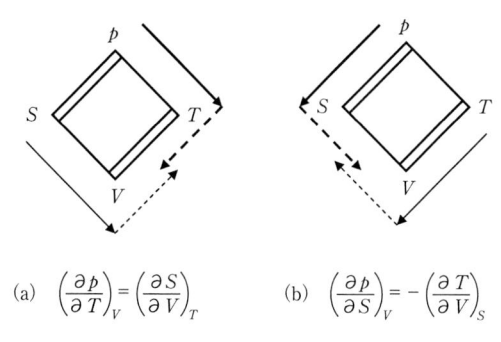

図 3.10 マクスウェル関係式の覚え方の一例（参考文献 1 の p.69 による）

（　）の右下につける量となっている．図（b）の場合のように，二重線の辺の比のときには等号の一方にマイナス符号をつける．

3.7.2 熱力学的状態方程式

1.3.4 項で実在気体の一つの近似式としてファン・デル・ワールス式（状態方程式）

$$\left(p+\dfrac{n^2 a}{V^2}\right)(V-nb) = nRT \tag{1.15}$$

を学んだ．a と b はファン・デル・ワールス定数（一般に正の数）である．この式を次のように変形するとわかるように，

$$p = \dfrac{nRT}{V-nb} - \dfrac{n^2 a}{V^2} \tag{3.40}$$

式（1.15）の $(n^2 a)/V^2$ の項は気体分子間の相互作用に起因しており，引力的な場合（$a>0$）はその分だけ理想気体より気体が壁を押す圧力は小さくなる．一方，2.6 節で理想気体では内部エネルギー U は温度のみの関数であり，

$$\left(\dfrac{\partial U}{\partial V}\right)_T = 0 \tag{2.25}'$$

であることを学んだ．この $(\partial U/\partial V)_T$ は具体的に何を表すのであろうか．

このことを知るために，式（3.30）の $dU = TdS - pdV$ から出発する．両辺を T 一定のもと，dV で割ると，

$$\dfrac{dU}{(dV)_T} = \dfrac{T(dS)}{(dV)_T} - p$$

偏微分で書き直すと,

$$\left(\frac{\partial U}{\partial V}\right)_T = T\left(\frac{\partial S}{\partial V}\right)_T - p$$

右辺第一項の $(\partial S/\partial V)_T$ を,マクスウェルの関係式の三番目の式 $(\partial p/\partial T)_V = (\partial S/\partial V)_T$ を使って書き直すと,

$$\left(\frac{\partial U}{\partial V}\right)_T = T\left(\frac{\partial p}{\partial T}\right)_V - p \tag{3.41}$$

を得る.この式は変数 T と p で表現されているという一般性を持っており,熱力学的状態方程式(thermodynamic equation of state)と呼ばれる.

ファン・デル・ワールス気体に対して式(3.41)を使って $(\partial U/\partial V)_T$ を計算してみると,

$$\left(\frac{\partial U}{\partial V}\right)_T = \frac{TnR}{V-nb} - \left(\frac{nRT}{V-nb} - \frac{n^2a}{V^2}\right) = \frac{n^2a}{V^2}$$

を得る.$(\partial U/\partial V)_T$ が気体分子間の相互作用に起因していることが理解できる.このことからしばしば

$$\pi_T \equiv \left(\frac{\partial U}{\partial V}\right)_T \tag{3.42}$$

と表して,内圧もしくは内部圧(internal pressure)と呼ばれる.理想気体では内圧は0である.

【例題3.11】 理想気体において,式(3.41)から $(\partial U/\partial V)_T = 0$ が導けることを示せ.

解 式(3.41)に $p = nRT/V$ を代入すると,

$$\left(\frac{\partial U}{\partial V}\right)_T = T\left[\frac{\partial}{\partial T}\left(\frac{nRT}{V}\right)\right]_V - p = \frac{nRT}{V} - p = p - p = 0$$

3.7.3 ギブズエネルギーの温度変化と圧力変化

この節の最後では,ギブズエネルギー G の温度変化と圧力変化について議論する.それには,$dG = Vdp - SdT$ の関係式とそこから導かれる $(\partial G/\partial p)_T = V$ と $(\partial G/\partial T)_p = -S$ が有用である.

まず,$(\partial G/\partial T)_p = -S$ について考えると,系のエントロピー S は常に正なので,閉鎖系では,圧力一定のもとで温度を上げると,G は減少することがわか

る．さらに，その減少傾向は，系のエントロピー S が大きいほど大きいことがわかる．通常，物質の気相のエントロピーは液相より大きく，固相のエントロピーは液相より小さい．したがって，図 3.11 に示すように，物質のギブズエネルギーの温度変化は，気相の状態においてもっとも急で，液相の状態が次に続き，固相の状態においてもっとも緩やかとなる．

図 3.11 では，G の温度変化は温度 T に比例するとして図が描かれているが，厳密には，その傾きも温度に依存する．その依存性は次のように求められる．

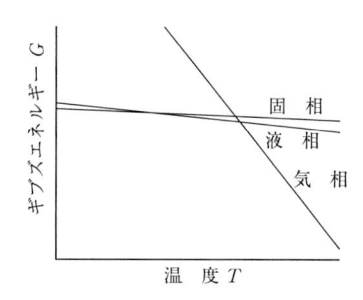

図 3.11 固相，液相，気相のギブズエネルギーの温度依存性の模式図

まず，$(\partial G/\partial T)_p = -S$ と $G = H - TS$ より S を消去する．

$$\left(\frac{\partial G}{\partial T}\right)_p = \frac{G-H}{T} \tag{3.43}$$

次に G/T を偏微分すると，

$$\left[\frac{\partial}{\partial T}\left(\frac{G}{T}\right)\right]_p = \frac{1}{T}\left(\frac{\partial G}{\partial T}\right)_p + G\left[\frac{\partial}{\partial T}\left(\frac{1}{T}\right)\right]_p$$

$$= \frac{1}{T}\left(\frac{\partial G}{\partial T}\right)_p - \frac{G}{T^2}$$

$$= \frac{1}{T}\left[\left(\frac{\partial G}{\partial T}\right)_p - \frac{G}{T}\right]$$

となる．ここで，式 (3.43) を代入すると，

$$= \frac{1}{T}\left(\frac{G-H}{T} - \frac{G}{T}\right)$$

$$= \frac{1}{T}\left(-\frac{H}{T}\right)$$

$$= -\frac{H}{T^2}$$

すなわち，

$$\left[\frac{\partial}{\partial T}\left(\frac{G}{T}\right)\right]_p = -\frac{H}{T^2} \tag{3.44}$$

を得る．この式をギブズ–ヘルムホルツの式という．この式をギブズエネルギーの変化に適用すれば（Δ と偏微分の順序は交換可能なので），

$$\left[\frac{\partial}{\partial T}\left(\frac{\Delta G}{T}\right)\right]_p = -\frac{\Delta H}{T^2} \tag{3.44}'$$

となる．ΔH は同じ状態変化におけるエンタルピー変化である．

式 (3.44) はさらに次のように変形される：

$$\left[\frac{\partial}{\partial (1/T)}\left(\frac{G}{T}\right)\right]_p = -H \tag{3.45}$$

この式を導くには，

$$\frac{\mathrm{d}}{\mathrm{d}T}\left(\frac{1}{T}\right) = -\frac{1}{T^2}$$

から出発する．これを分数のように分解すると，$\mathrm{d}(1/T) = (-1/T^2)\,\mathrm{d}T$ となる．これと式 (3.44) を用いると，

$$\left[\frac{\partial}{\partial (1/T)}\left(\frac{G}{T}\right)\right]_p = \frac{\mathrm{d}(G/T)}{\mathrm{d}(1/T)} = \frac{\mathrm{d}(G/T)}{(-1/T^2)\mathrm{d}T} = -T^2\left[\frac{\partial}{\partial T}\left(\frac{G}{T}\right)\right]_p = -T^2\left(-\frac{H}{T^2}\right) = H$$

のように導ける．式 (3.45) もギブズ–ヘルムホルツの式と呼ばれている．この式では，右辺に温度 T を直接には含まないため，(G/T) 対 $(1/T)$ のグラフの勾配より直接 H が求められるという利点がある．

G の圧力変化は，$(\partial G/\partial p)_T = V$ から出発する．V は常に正であるから，閉鎖系の G は，温度一定のもとで圧力が増加すれば常に増加する．ある物質の気相のモル体積は，液相や固相よりはるかに大きいから，G は気相の状態でもっとも敏感な圧力依存性を示す．またその増加傾向は，圧力増加にともなう V の減少のため，しだいに緩やかになっていくであろう（図 3.12）．

温度一定のもとでは，$\mathrm{d}G = V\mathrm{d}p - S\mathrm{d}T$ より，$(\mathrm{d}G)_T = V\mathrm{d}p$ を得，これを圧力 p_1 から p_2 まで積分すると，

$$G(p_2) - G(p_1) = \int_{p_1}^{p_2} V\,\mathrm{d}p \tag{3.46}$$

となる．非圧縮性物質に対しては，V は圧力 p に依存しないと仮定できるから，積分は簡単になって，

$$G(p_2) - G(p_1) = V(p_2 - p_1) \tag{3.47}$$

を得る．理想気体に対しては，式 (3.46) に $V = nRT/p$ を代入すると，温度一定のもとでは，

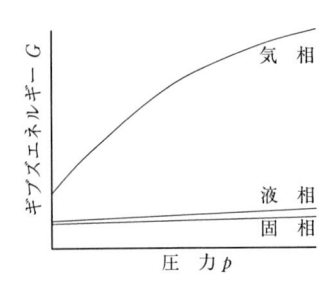

図 3.12 固相，液相，気相のギブズエネルギーの圧力依存性の模式図

を積分して，

$$G(p_2)-G(p_1)=nRT\int_{p_1}^{p_2}\frac{dp}{p}$$

$$G(p_2)-G(p_1)=nRT\ln\frac{p_2}{p_1} \tag{3.48}$$

を得る．p_1 を 1×10^5 Pa，p_2 を任意の圧力 p とし，$p^{\ominus}\equiv 1\times 10^5$ Pa，$G^{\ominus}\equiv G(p^{\ominus})$ とおくと，

$$G(p)-G^{\ominus}=nRT\ln\frac{p}{p^{\ominus}} \tag{3.49}$$

を得る．この式は任意の圧力 p における理想気体のギブズエネルギー $G(p)$ と標準状態（すなわち圧力 1×10^5 Pa）の値 $G^{\ominus}$ との間の関係を示している．

3.8 化学ポテンシャル

3.8.1 部分モル量

前節までは，系は閉鎖系，すなわち系を構成する物質量や組成は変化しないことを仮定してきた．この節では，開放系も含めて議論する．

水とエタノールの二成分混合溶液の体積について考える．知られているように，水 1 cm³ とエタノール 1 cm³ を混合すると，混合溶液の体積は 2 cm³ にはならず，1.92 cm³ である（あとの例題 3.12 を見よ）．この体積中の水とエタノールの体積寄与分はどのように扱えばよいだろうか．次のようなことを考えてみよう．まず，大量の純水に水を 1 mol 加えるとどうなるであろうか．水 1 mol は 18 g であり，水の密度を 1 g cm⁻³ とすれば，体積は 18 g/(1 g cm⁻³)＝18 cm³ だけ増加するであろう．一方，大量のエタノールに水 1 mol 加えた場合は，体積増加は 14 cm³ であることが実験的に知られている．体積増加が異なるのは，水分子周りのミクロな環境が異なるからであり，それは明らかに溶液の組成に依存している．ここで「大量の」という断りを入れたのは，もとの組成は加えた水の量によって変化しないと仮定しているからである．この考えを推し進めると，ある中間組成の大量の水-エタノール混合溶液に水を 1 mol 加えた場合の体積増加は，この組成における水 1 mol 当たりの体積寄与分であり，これをこの溶液の水の部分モル体積（partial molar volume）と呼ぶ．

一般化するために,水を成分1,エタノールを成分2と表記する.混合溶液の体積を V とし,成分1と2の物質量をそれぞれ n_1 と n_2 とする.成分1を Δn_1 mol 加えた場合の体積増加が ΔV cm^3 であれば,これを1 mol 当たりに換算して成分1の部分モル体積 V_1 は

$$V_1 = \frac{\Delta V}{\Delta n_1}$$

と書けるであろう.混合溶液の組成が成分1の添加により変化しないためには $\Delta n_1 \to 0$ の極限操作が必要であるが,それは結局,V の n_1 による偏微分になる.

$$V_1 = \sum_{\Delta n_1 \to 0} \lim \left(\frac{\Delta V}{\Delta n_1} \right) = \left(\frac{\partial V}{\partial n_1} \right)_{n_2, その他の条件} \tag{3.50}$$

偏微分の右下につける量は,n_1 以外の,体積変化に寄与するすべての変数である.同様に,成分2の部分モル体積 V_2 は

$$V_2 = \sum_{\Delta n_2 \to 0} \lim \left(\frac{\Delta V}{\Delta n_2} \right) = \left(\frac{\partial V}{\partial n_2} \right)_{n_1, その他の条件} \tag{3.50}'$$

である.

二成分系の体積 V は温度 T,圧力 p,そして n_1 と n_2 の関数 $V(T, p, n_1, n_2)$ である.等温定圧 ($dT=0$ かつ $dp=0$) の条件のもとで n_1 と n_2 が微小変化した場合,体積の微小変化 dV は

$$dV = \left(\frac{\partial V}{\partial n_1} \right)_{T, p, n_2} dn_1 + \left(\frac{\partial V}{\partial n_2} \right)_{T, p, n_1} dn_2$$

と書けるので,式 (3.50) と式 (3.50)′ より,

$$dV = V_1 dn_1 + V_2 dn_2 \tag{3.51}$$

となる.組成一定のまま(モル比 n_1/n_2 を一定のまま),体積を 0 から V まで積分すると,

$$V = \int_0^V dV$$
$$= \int_0^V V_1 dn_1 + \int_0^V V_2 dn_2$$

組成一定のとき V_1 と V_2 は一定であるから積分の外に出せて,

$$= V_1 \int_0^V dn_1 + V_2 \int_0^V dn_2$$
$$= V_1 \int_0^{n_1} dn_1 + V_2 \int_0^{n_2} dn_2$$

$$= n_1 V_1 + n_2 V_2 \tag{3.52}$$

を得る．これは，この組成における溶媒のミクロな環境を保存したまま，混合溶液の体積を成分1の体積寄与分 $n_1 V_1$，成分2の体積寄与分 $n_2 V_2$ に分割したことを示している．部分モル体積という名前の由来は，それぞれの成分のモル当たりの体積寄与分になっているからである．V と同様，V_1 と V_2 も T, p, そして n_1 と n_2 の関数である．

【例題 3.12】 水 $1.00\,\mathrm{cm^3}$ とエタノール $1.00\,\mathrm{cm^3}$ を混合したときの混合溶液の体積を求めよ．この組成の水とエタノールの部分モル体積は，それぞれ $17.0\,\mathrm{cm^3\,mol^{-1}}$，$57.3\,\mathrm{cm^3\,mol^{-1}}$ であるとせよ．また水とエタノールの密度をそれぞれ $0.997\,\mathrm{g\,cm^{-3}}$，$0.789\,\mathrm{g\,cm^{-3}}$ とせよ．

解 水 $1.00\,\mathrm{cm^3}$ の物質量は $(1.00\,\mathrm{cm^3} \times 0.997\,\mathrm{g\,cm^{-3}})/18.016\,\mathrm{g\,mol^{-1}} = 0.05534\,\mathrm{mol}$ であり，エタノール $1.00\,\mathrm{cm^3}$ の物質量は $(1.00\,\mathrm{cm^3} \times 0.789\,\mathrm{g\,cm^{-3}})/46.068\,\mathrm{g\,mol^{-1}} = 0.01713\,\mathrm{mol}$ である．式（3.52）より全体積は以下のように計算できる．

$$V = 0.05534\,\mathrm{mol} \times 17.0\,\mathrm{cm^3\,mol^{-1}} + 0.01713\,\mathrm{mol} \times 57.3\,\mathrm{cm^3\,mol^{-1}} = 1.92\,\mathrm{cm^3}$$

実は，V_1 と V_2 は全く独立というわけではない．等温定圧の条件のもと，数学的に，式（3.52）の V の全微分をとると，

$$\begin{aligned}
dV &= d(n_1 V_1 + n_2 V_2) \\
&= (dn_1)V_1 + n_1 dV_1 + (dn_2)V_2 + n_2 dV_2 \\
&= [V_1 dn_1 + V_2 dn_2] + n_1 dV_1 + n_2 dV_2
\end{aligned}$$

[ ] 内は，式（3.51）より，dV と書けるので，結局，

$$n_1 dV_1 + n_2 dV_2 = 0 \tag{3.53}$$

を得る．この式をギブズ–デュエム（Duhem）の式という．この式を

$$dV_1 = -\frac{n_2}{n_1} dV_2$$

と書き直せばわかるように，$n_2/n_1 > 0$ であるから，V_2 が増加すれば（$dV_2 > 0$），V_1 は減少する．

多成分系に拡張して考えよう．成分数を C とし，それぞれの物質量を n_1, n_2, $\cdots$, n_C とする．注意したいのは，組成を決めるのに必要な変数の数である．1.4 節で学んだモル分率 x_1, x_2, $\cdots$, x_C を用いれば，C 番目のモル分率は残り $C-1$

個のモル分率で決められる：$x_C=1-x_1-x_2-\cdots-x_{C-1}$. したがって，組成を決めるのに必要な変数の数は，$C-1$ であって C ではない．このとき，成分 i のモル体積は

$$V_i \equiv \left(\frac{\partial V}{\partial n_i}\right)_{T,p,n_{j\neq i}} \tag{3.50}''$$

と定義できることになる．一般に系の大きさに依存する示量性変数（V, G, U, H, A, S など）をそれぞれの成分の寄与分に分割し，さらにモル当たり換算したときの部分量を部分モル量（partial molar quantity）と呼ぶ．

3.8.2 化学ポテンシャル

一成分開放系，すなわち物質量 n が変化しうるときのギブズエネルギー G を考える．3.7.1 項で学んだように，G は温度 T と圧力 p の関数であるが，示量性状態量であるから（エネルギーの絶対値は系の大きさに依存する），物質量 n の関数でもある：$G=G(T,p,n)$. したがって，G の全微分は，

$$dG = \left(\frac{\partial G}{\partial T}\right)_{p,n} dT + \left(\frac{\partial G}{\partial p}\right)_{T,n} dp + \left(\frac{\partial G}{\partial n}\right)_{T,p} dn \tag{3.54}$$

と表せる．式（3.54）で，$dn=0$ を仮定すれば，それは閉鎖系を仮定することであり，式（3.35）に帰着する．したがって，式（3.54）でも $(\partial G/\partial T)_{p,n}=-S$ であり，$(\partial G/\partial p)_{T,n}=V$ である．式（3.54）の第 3 項の $(\partial G/\partial n)_{T,p}$ は，すぐわかるように，モル当たりのギブズエネルギー $G_\mathrm{m}(\equiv G/n)$ である．

$$\left(\frac{\partial G}{\partial n}\right)_{T,p} = \left(\frac{\partial (nG_\mathrm{m})}{\partial n}\right)_{T,p} = G_\mathrm{m} \quad (G_\mathrm{m}\text{ は }n\text{ に依存しない}) \tag{3.55}$$

同様に，二成分系のギブズエネルギー G を考えると，$G=G(T,p,n_1,n_2)$ であるから，

$$dG = \left(\frac{\partial G}{\partial T}\right)_{p,n_1,n_2} dT + \left(\frac{\partial G}{\partial p}\right)_{T,n_1,n_2} dp + \left(\frac{\partial G}{\partial n_1}\right)_{T,p,n_2} dn_1 + \left(\frac{\partial G}{\partial n_2}\right)_{T,p,n_1} dn_2 \tag{3.56}$$

と表せる．式（3.56）の第 3 項の $(\partial G/\partial n_1)_{T,p,n_2}$ と第 4 項の $(\partial G/\partial n_2)_{T,p,n_1}$ は，一成分の G_m に対応するものである．それぞれ成分 1 と 2 の化学ポテンシャル（chemical potential）といい，それぞれ μ_1, μ_2 の記号で表す（μ はギリシャ文字でミューと読む）．

$$\mu_1 \equiv \left(\frac{\partial G}{\partial n_1}\right)_{T,p,n_2}, \quad \mu_2 \equiv \left(\frac{\partial G}{\partial n_2}\right)_{T,p,n_1} \tag{3.57}$$

また，一成分系であっても，$\mu \equiv (\partial G/\partial n)_{T,p} = G_\mathrm{m}$ の関係から，モルギブズエネルギーではなく化学ポテンシャルの用語を用いることも多い．

3.8.1項の議論からわかるように，化学ポテンシャルは，ギブズエネルギーの部分モル量である．したがって，部分モル体積の式（3.52）と式（3.53）に対応して，

$$G = n_1\mu_1 + n_2\mu_2 \tag{3.58}$$

$$n_1 \mathrm{d}\mu_1 + n_2 \mathrm{d}\mu_2 = 0 \quad （\text{ギブズ-デュエムの式}） \tag{3.59}$$

が成り立つ．

4章では，化学ポテンシャルが，純物質の相変化，多成分系では相平衡を決める主役となることを学ぶ．

3.8.3 理想気体と実在気体の化学ポテンシャル

3.7.3項で，任意の圧力 p の理想気体のギブズエネルギーの式を示した．

$$G(p) - G^\ominus = nRT \ln \frac{p}{p^\ominus} \tag{3.49}$$

ただし，$p^\ominus \equiv 1 \times 10^5\,\mathrm{Pa}$ である．この式の両辺を物質量 n で割れば，$\mu(p) = G(p)/n$，$\mu^\ominus = G^\ominus/n$ であるから，

$$\mu(p) = \mu^\ominus + RT \ln \frac{p}{p^\ominus} \tag{3.60}$$

を得る．4章では，液体物質も同時に扱うので気体に関する量であることを明示するため右肩に（g）を付けて次の形で表す．

$$\mu^{(\mathrm{g})}(p) = \mu^{\ominus(\mathrm{g})} + RT \ln \frac{p}{p^\ominus} \tag{3.60}'$$

これが理想気体の化学ポテンシャルである．この式から，化学ポテンシャル μ が圧力 p に対して対数的に変化し，p が大きいほど μ も大きいことがわかる．

実在気体の場合はどうであろうか．3.7.2項でも述べたように，実在気体と理想気体の大きな違いは，分子間力の存在であり，圧力が高い領域では無視することにともなうズレは大きくなるであろう．そのズレは，次のように考えられる．圧力を増していくと，分子はしだいに接近していくが，最初に効く分子間力は引力的相互作用である．ずっと高圧の領域では，分子は自身の大きさ程度にまで接近するであろうから，今度は斥力が優勢になる．分子間力が引力的な領域では，

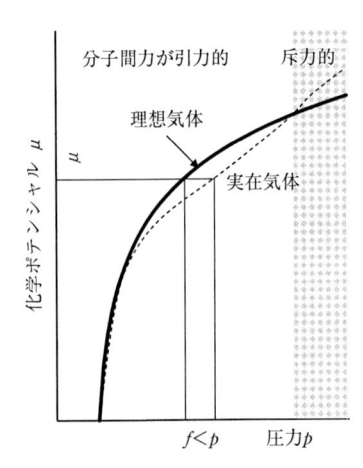

図3.13 実在気体（破線）と理想気体（実線）の化学ポテンシャルの圧力依存性．実在気体と同じ値の μ を与える理想気体の実効的圧力 f をフガシティーという．

理想気体としての振る舞いに比べ，圧力は，したがって化学ポテンシャルも，小さめになるであろうし，斥力が優勢になれば圧力と化学ポテンシャルは大きめになるであろう．このようすを図 3.13 に示した．圧力が p のときの実在気体の化学ポテンシャルを μ とし，同じ大きさの化学ポテンシャルを与える理想気体の実効的圧力を f とすれば，引力的な領域では $f>p$ であり，斥力的な領域では $f<p$ である．この $f=f(p)$ をフガシティー（fugacity）という．p の代わりにこの f を用いれば，実在気体の化学ポテンシャルも理想気体と同じ形に表すことができる．

$$\mu(p)=\mu^{\ominus}+RT\ln\frac{f}{p^{\ominus}} \tag{3.61}$$

あるいは，$p^{\ominus}$ を $f^{\ominus}$ で置き換えて（$f^{\ominus}\equiv 1\times 10^5$ Pa），

$$\mu(p)=\mu^{\ominus}+RT\ln\frac{f}{f^{\ominus}} \tag{3.61}'$$

のように表す．さらには，フガシティー f と圧力 p の比

$$\frac{f(p)}{p}=\gamma(p) \tag{3.62}$$

をフガシティー係数といい，これに実在気体の理想気体からのズレを繰り入れて表すこともある．$\gamma(p)$ は，実在気体の状態方程式のひとつであるビリアル状態方程式のビリアル係数を用いれば（1.3.3項の式 (1.12) を見よ），次式のように求めることができる．

$$\ln[\gamma(p)]=B'p+\frac{C'p^2}{2}+\frac{D'p^3}{3}+\cdots \tag{3.63}$$

3.8.4 気体の混合

温度 T に保たれた容器の一方に圧力 p の理想気体 A（物質量 n_A）が，もう一方の容器に圧力 p の理想気体 B（物質量 n_B）が入っているとしよう．混合前の

系のギブズエネルギーは，式 (3.60) を用いれば，

$$G_{\text{before mixing}} = n_A\left\{\mu_A^{\ominus} + RT\ln\frac{p}{p^{\ominus}}\right\} + n_B\left\{\mu_B^{\ominus} + RT\ln\frac{p}{p^{\ominus}}\right\}$$

と表せる．両方の容器をつなぐ管のコックを開ければ，気体 A と B は混合するであろう．混合後の系のギブズエネルギーは，混合後の気体 A と B の分圧を p_A, p_B とすると，

$$G_{\text{after mixing}} = n_A\left\{\mu_A^{\ominus} + RT\ln\frac{p_A}{p^{\ominus}}\right\} + n_B\left\{\mu_B^{\ominus} + RT\ln\frac{p_B}{p^{\ominus}}\right\}$$

$$p_A = x_A p = \frac{n_A p}{n}$$

$$p_B = x_B p = \frac{n_B p}{n}$$

と表せる（ただし $n = n_A + n_B$）．混合にともなうギブズエネルギー変化（混合ギブズエネルギー (Gibbs energy of mixing)）は

$$\begin{aligned}\Delta_{\text{mix}}G &= G_{\text{after mixing}} - G_{\text{before mixing}} \\ &= \left[n_A\left\{\mu_A^{\ominus} + RT\ln\frac{p_A}{p^{\ominus}}\right\} + n_B\left\{\mu_B^{\ominus} + RT\ln\left(\frac{p_B}{p^{\ominus}}\right)\right\}\right] \\ &\quad - \left[n_A\left\{\mu_A^{\ominus} + RT\ln\frac{p}{p^{\ominus}}\right\} + n_B\left\{\mu_B^{\ominus} + RT\ln\left(\frac{p}{p^{\ominus}}\right)\right\}\right] \\ &= n_A RT\ln\frac{p_A}{p^{\ominus}} + n_B RT\ln\frac{p_B}{p^{\ominus}} - n_A RT\ln\frac{p}{p^{\ominus}} - n_B RT\ln\frac{p}{p^{\ominus}} \\ &= n_A RT\ln\frac{p_A}{p} + n_B RT\ln\frac{p_B}{p} \\ &= nx_A RT\ln(x_A) + nx_B RT\ln(x_B) \\ &= nRT\{x_A\ln(x_A) + x_B\ln(x_B)\} \end{aligned} \quad (3.64)$$

のように計算することができる．

$0 \leq x_A, x_B \leq 1$ なので，$\ln(x_A)$ と $\ln(x_B)$ は負，したがって，$\Delta_{\text{mix}}G < 0$，すなわち混合は予想どおり自発的であることが示せた．$(\partial G/\partial T)_p = -S$（式 (3.36)）より，

$$\Delta_{\text{mix}}S = \Delta_{\text{mix}}\left[-\left(\frac{\partial G}{\partial T}\right)_p\right] = -\left[\frac{\partial(\Delta_{\text{mix}}G)}{\partial T}\right]_p$$

であるから，混合エントロピー (entropy of mixing) は

$$\Delta_{\text{mix}}S = -nR\{x_A\ln(x_A) + x_B\ln(x_B)\} \quad (3.65)$$

となる．もちろん $\Delta_{mix}S>0$ である．

さらに，混合エンタルピー（enthalpy of mixing）を求めると，
$$\Delta_{mix}H = \Delta_{mix}G + T\Delta_{mix}S = 0 \tag{3.66}$$
となる．これは，混合がエネルギー的には何の利得もないことを示している．このことは，分子間力なしの理想気体の混合であるから，当然の結果である．混合がまさにエントロピーの利得だけで進行していることを示している．

3.9　ギブズエネルギーと平衡定数

3.9.1　化学平衡と平衡定数

反応においては，反応物はいつもすべて消費されて生成物になるとは限らない．時間を経たのち，反応物と生成物が共存したままで一見何の変化もないように見える状態になることが多い．この状態が化学平衡（chemical equilibrium）である．このときミクロには，正方向と逆方向の反応が同じ速度で起こっており，平衡は動的な状態である．本節の主題は，反応混合物の平衡組成の予測である．ただし，反応開始後どれくらいの時間で平衡組成に達するかという，反応速度の問題は扱わない．

まずは一番簡単な反応 $A \rightleftharpoons B$ を考えよう．A，B の物質量を n_A，n_B とすると，ギブズエネルギーの微小変化は式 (3.36)，(3.56)，(3.57) より，
$$dG = Vdp - SdT + \mu_A dn_A + \mu_B dn_B$$
と書ける．等温定圧の条件のもとでの平衡を考えると，$dT=0$ かつ $dp=0$ であるから，
$$dG = \mu_A dn_A + \mu_B dn_B$$
となる．1 mol の A が反応して B が 1 mol 生成するような反応の場合，$n_A + n_A = n =$ 一定である．ここで，反応進行度 ξ（グザイと読む）を
$$\xi = \frac{n_B}{n} \tag{3.67}$$
のように定義しよう．$\xi=0$ ならば反応は全く進行していない，逆に $\xi=1$ ならば反応は 100% 進行，$\xi=0.6$ ならば 60% 進行，を意味する．ξ を，反応速度論において反応物がどういう経路で生成物になるかを示すときに用いる反応座標と混同しないでいただきたい．A の微小量が B になったとすると，

3.9 ギブズエネルギーと平衡定数

$$-\mathrm{d}n_\mathrm{A}=\mathrm{d}n_\mathrm{B}=n\mathrm{d}\xi$$

の関係があるから，

$$\begin{aligned}\mathrm{d}G&=\mu_\mathrm{A}\mathrm{d}n_\mathrm{A}+\mu_\mathrm{B}\mathrm{d}n_\mathrm{B}\\&=\mu_\mathrm{A}(-n\mathrm{d}\xi)+\mu_\mathrm{B}(n\mathrm{d}\xi)\\&=(\mu_\mathrm{B}-\mu_\mathrm{A})n\mathrm{d}\xi\end{aligned}$$

と式変形できる．したがって，

$$\frac{\mathrm{d}G}{\mathrm{d}\xi}=n(\mu_\mathrm{B}-\mu_\mathrm{A}) \tag{3.68}$$

を得るが，この式はさらに反応ギブズエネルギー $\Delta_\mathrm{r}G=\mu_\mathrm{B}-\mu_\mathrm{A}$ を使って表すと，

$$=n\Delta_\mathrm{r}G \tag{3.69}$$

となる．

　3.6.1項で学んだように，自然界では，等温定圧のもとでは系の G が減る方向に進む．ここでは，G は反応進行度 ξ の関数であり，図3.14に例示したように，最初の状態が $\xi=\xi_\mathrm{eq}$ の左側であれば，ξ は増加し，すなわち反応は生成系の量が増加する方向へ進み，$\xi=\xi_\mathrm{eq}$ の右側であれば，原系（すなわち反応物側）の量が増加する方向に逆戻りする．最終的に，$\mathrm{d}G/\mathrm{d}\xi=0$ となる極小点 $\xi=\xi_\mathrm{eq}$ において平衡に達する．これは，ちょうどボールが坂道をころがって最終的に谷底で止まること

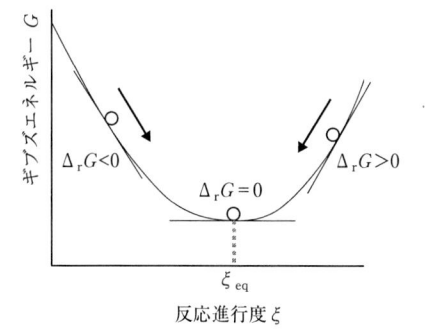

図3.14 反応ギブズエネルギー $\Delta_\mathrm{r}G$ と反応進行度 ξ の関係．反応が進むにつれて，すなわち ξ が変化するにつれて，$\Delta_\mathrm{r}G$ が変化し，$\xi=\xi_\mathrm{eq}$（破線）の極小点に達したところで平衡に達する．

にたとえることができる．式（3.68）は，$\xi=\xi_\mathrm{eq}$ が反応物 A と生成物 B の化学ポテンシャル μ_A，μ_B が等しくなることで達成されていることを示す．3.8.1項で学んだ部分モル体積が溶液組成に依存することと同じで，μ_A，μ_B は ξ の関数であり，化学ポテンシャルが相平衡を決める主役となっていることの一例でもある．

　さて，$\mathrm{d}G/\mathrm{d}\xi=0$ のときの平衡組成を求めるには，G が ξ のどのような関数であるかを知っている必要があるように見えるが，実際には，式（3.69）が示すよ

うに，$\Delta_r G = 0$ の関係を利用するだけでよい．A と B が理想気体のときは，式 (3.60) より，

$$\begin{aligned}
\Delta_r G &= \mu_B - \mu_A \\
&= \left\{ \mu_B^\ominus + RT \ln \frac{p_B}{p^\ominus} \right\} - \left\{ \mu_A^\ominus + RT \ln \frac{p_A}{p^\ominus} \right\} \\
&= (\mu_B^\ominus - \mu_A^\ominus) + RT \ln \frac{(p_B/p^\ominus)}{(p_A/p^\ominus)} \\
&= \Delta_r G^\ominus + RT \ln \frac{(p_B/p^\ominus)}{(p_A/p^\ominus)}
\end{aligned}$$

と式変形できる．気体では物質量は分圧に比例するので，反応がどのくらい進行したかは次の比で表せる．

$$Q \equiv \frac{(p_B/p^\ominus)}{(p_A/p^\ominus)} \tag{3.70}$$

これを反応比（extent of reaction）と呼ぶ．これを用いると，

$$\Delta_r G = \Delta_r G^\ominus + RT \ln Q \tag{3.71}$$

となる．標準状態（すなわち $p^\ominus = 1 \times 10^5$ Pa）における生成物と反応物の化学ポテンシャルの差 $\mu_B^\ominus - \mu_A^\ominus$ は，標準反応ギブズエネルギー $\Delta_r G^\ominus$ に置き換えられている．平衡では $\Delta_r G = 0$ であるから，式 (3.71) より，

$$\Delta_r G^\ominus = -RT \ln K \tag{3.72}$$

を得る．ただし，平衡における反応比 $[Q]_{eq}$ を

$$[Q]_{eq} = \left[\frac{(p_B/p^\ominus)}{(p_A/p^\ominus)} \right]_{eq} \equiv K \,(\text{あるいは } K_p) \tag{3.73}$$

のように新しい記号 K で表している．K を平衡定数（equilibrium constant）と呼ぶ（K が圧力の比を変数にしていることを明示するため添え字を付して，K_p と書くことがある）．またもし反応が等温定容の条件下で行われるならば $K = [n_B/n_A]_{eq}$ である．式 (3.72) は，化学平衡を扱う際の最も重要な式の一つである．

式 (3.72) において，$K > 1$（このとき $\ln K > 0$ であるので $\Delta_r G^\ominus < 0$）であれば平衡は生成系側に片寄っていることを，逆に $K < 1 (\Delta_r G^\ominus > 0)$ であれば原系側に片寄っていることを意味する．$\Delta_r G$ と $\Delta_r G^\ominus$ の正負が意味することは異なることに注意したい．また，式 (3.72) は，平衡組成と直接関係のある量である K が，標準状態の $\Delta_r G^\ominus$ と温度 T によって決まることを示している．このうち，

$\Delta_rG^\ominus$ は標準状態の化学ポテンシャル $\mu_i^\ominus$ を介して物質が持つ性質と結びついている．式には圧力は直接には出てこないので，K は圧力には依存しない（$(\partial K/\partial p)_T=0$）．しかし，平衡組成それ自体は必ずしも圧力の影響を受けないわけでもないので注意を要する（次の 3.9.2 項を見よ）．

もっと一般的な反応の場合は，K はどのような形になるであろうか．次の反応を考えよう．

$$2A+3B \rightleftharpoons C+2D$$

上と同様，Δ_rG を計算すると，

$$\begin{aligned}\Delta_rG &= G(生成系)-G(原系)\\ &=[(\mu_C^\ominus+RT\ln a_C)+2(\mu_D^\ominus+RT\ln a_D)]\\ &\quad -[2(\mu_A^\ominus+RT\ln a_A)+3(\mu_B^\ominus+RT\ln a_B)]\\ &=[1\mu_C^\ominus+2\mu_D^\ominus]-[2\mu_A^\ominus+3\mu_B^\ominus]+RT\ln\frac{(a_C)^1(a_D)^2}{(a_A)^2(a_B)^3}\\ &=\Delta_rG^\ominus+RT\ln\frac{(a_C)^1(a_D)^2}{(a_A)^2(a_B)^3}\end{aligned}$$

ここで，a_i（いまは $i=$ A, B, C, または D）は平衡に実効的に関与する物質量である．理想気体であれば，a_i は分圧と標準状態の圧力の比 $p_i/p^\ominus$ であり，実在気体ではそれがフガシティー $f_i/f^\ominus$ に置き換えられる（3.8.3 項参照）．溶液では分圧を直接用いることはできない．4.2 節で詳しく取り扱われる理想溶液では a_i としてモル分率 x_i が用いられる．

このとき，理想溶液中の液体成分 i の化学ポテンシャル $\mu_i^{(l)}$ はそのモル分率 x_i と成分 i の純粋な（すなわちそれのみが存在するときの）液体の化学ポテンシャル $\mu_i^{*(l)}$ の間に

$$\mu_i^{(l)}=\mu_i^{*(l)}+RT\ln x_i \tag{3.74}$$

の関係式が成り立っている．この式の形は，理想気体の化学ポテンシャルの式（3.60）と似ている．実在溶液ではモル分率の効果が補正された活量 a_i に置き換えられる．

$$\mu_i^{(l)}=\mu_i^{*(l)}+RT\ln a_i \tag{3.75}$$

平衡では $\Delta_rG=0$ であり，式（3.73）の代わりに，

$$[Q]_{eq}=\left[\frac{(a_C)^1(a_D)^2}{(a_A)^2(a_B)^3}\right]_{eq}\equiv K \tag{3.76}$$

で K を定義すると，再び式 (3.72) に帰着する．式 (3.76) において，原系の量が分母に，生成系の量が分子にくるのは式 (3.73) と同じであるが，異なることとしては，それぞれの物質量には反応式の係数（量論数）2, 3, 1, 2 がベキとなって入っていることである．

なお，高校の化学などでは，K に直接，モル濃度 m_i が関係していたが，それは希薄溶液においてのみ成立する（4.2.5 項を見よ）．また，3.6.3 項では，(標準) 反応ギブズエネルギーを求めるのに (標準) 生成ギブズエネルギーを用いる（式 (3.28)）と説明したので，本節において化学ポテンシャル（モルギブズエネルギー）を用いたことに，読者は混乱されたかもしれない．実は，どちらを用いても，基準が異なるだけで，ギブズエネルギー変化は同じになる．例として

$$N_2O_4 \rightleftharpoons 2\,NO_2$$

なる反応を考えてみよう．式 (3.28) に基づけば，

$$\Delta_r G^\ominus = 2\Delta_f G^\ominus(NO_2) - \Delta_f G^\ominus(N_2O_4)$$

である．一方，標準生成ギブズエネルギーの定義から，

$$\Delta_f G^\ominus(NO_2) = \mu^\ominus(NO_2) - \left[\left(\frac{1}{2}\right)\mu^\ominus(N_2) + \mu^\ominus(O_2)\right]$$

$$\Delta_f G^\ominus(N_2O_4) = \mu^\ominus(N_2O_4) - [\mu^\ominus(N_2) + 2\mu^\ominus(O_2)]$$

であり，この 2 式から $\Delta_r G^\ominus$ を計算すると，

$$\Delta_r G^\ominus = 2\left\{\mu^\ominus(NO_2) - \left[\left(\frac{1}{2}\right)\mu^\ominus(N_2) + \mu^\ominus(O_2)\right]\right\} - \{\mu^\ominus(N_2O_4) - [\mu^\ominus(N_2) + 2\mu^\ominus(O_2)]\}$$

$$= 2\mu^\ominus(NO_2) - \mu^\ominus(N_2O_4)$$

標準反応ギブズエネルギーを求めるのに，標準生成ギブズエネルギーの代わりに化学ポテンシャルを用いてもよいことがわかる．同じことは「$\ominus$」なしの標準状態以外の場合にもいえる．

【例題 3.13】 $N_2(g) + 3\,H_2(g) \rightleftharpoons 2\,NH_3(g)$ の反応比を書け．

解 $\dfrac{(p_{NH_3}/p^\ominus)^2}{(p_{N_2}/p^\ominus)(p_{H_2}/p^\ominus)^3}$

【例題 3.14】 上の反応の標準反応ギブズエネルギー $\Delta_r G^\ominus$ を求めよ．また 1×10^5 Pa, 298.15 K における平衡定数 K を求めよ．

解 表 3.2 より

$$\Delta_\mathrm{r} G^\ominus = 2\Delta_\mathrm{f} G^\ominus(\mathrm{NH_3(g)}) - \{\Delta_\mathrm{f} G^\ominus(\mathrm{N_2(g)}) + 3\Delta_\mathrm{f} G^\ominus(\mathrm{H_2(g)})\}$$
$$= 2 \times (-16.6 \text{ KJ mol}^{-1}) = -33.2 \text{ KJ mol}^{-1}$$
$$K = \exp(-\Delta_\mathrm{r} G^\ominus / RT)$$
$$= \exp\{-(-33.2 \times 10^3 \text{ J mol}^{-1})/(8.314 \text{ J K}^{-1} \text{ mol}^{-1} \times 298.15 \text{ K})\}$$
$$= 655710.288\cdots$$
$$= 6.6 \times 10^5$$

3.9.2 平衡に対する温度と圧力の影響

いったん平衡状態に落ち着いても，環境が変化すれば，平衡は移動する．平衡に影響を与える反応条件は，温度，圧力，物質量などである．触媒は，反応速度に影響を与えるが，平衡組成は変えない．

経験的には次のような事実が知られている．温度を上げれば，その温度上昇を小さくする方向，すなわち吸熱反応の方向に平衡が移動する．圧力を高くすれば，その圧力増加を小さくする方向，すなわち系全体の分子数が減る方向に平衡は移動する．反応に関与する物質を新たに加えれば，その物質量を減らす方向に平衡は移動する．これらの事実をまとめると，「平衡にある系に対して反応条件を変化させたとき，その影響を小さくする方向に平衡が移動する」ということができる．これをル・シャトリエ（Le Chatelier）の原理と呼ぶ．この原理は，環境変化に対する平衡の応答を定性的に理解するのに便利である．ただし，注意しないといけないことは，平衡がその影響を小さくする方向に移動するとはいっても，変化させた反応条件は完全にもとの値に戻るわけではないことである．このことを図で表すと，図3.15のようになる．また，ル・シャトリエの原理は，平衡の移動方向を教えてはくれるが，どの程度移動するかについては答えてくれない．

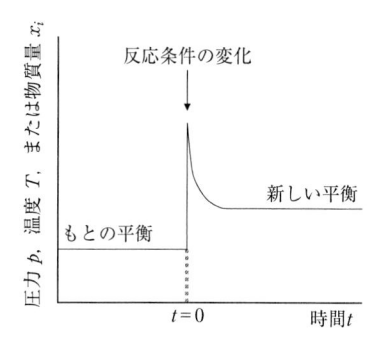

図3.15　ル・シャトリエの原理に基づく反応条件の変化挙動

平衡の応答を定量的に扱うには，平衡定数を計算する必要がある．まずは，二量体 A と 2 分子の単量体 B の間の平衡に対する圧力効果を考えよう：$\mathrm{A} \rightleftharpoons 2\mathrm{B}$．ル・シャトリエの原理から，加圧すると分子数の減る方向，すなわち二量体 A

が増える方向に平衡が移動することは容易にわかる．A のみが存在する仮想的な初期状態を考えそのときの A の物質量を n，平衡状態における解離度を α とすると，A が αn 反応すると B は $2\alpha n$ 生成するので，平衡状態での A と B のモル分率は，

$$x_A = \frac{(1-\alpha)n}{(1-\alpha)n + 2\alpha n} = \frac{1-\alpha}{1+\alpha}$$

$$x_B = \frac{2\alpha n}{(1-\alpha)n + 2\alpha n} = \frac{2\alpha}{1+\alpha}$$

と計算できる．平衡定数は，平衡状態での全圧を p とすると，式 (3.76) にならって，

$$K = \left[\frac{(p_B/p^{\ominus})^2}{(p_A/p^{\ominus})}\right]_{eq} = \frac{(x_B p/p^{\ominus})^2}{(x_A p/p^{\ominus})} = \frac{x_B^2 (p/p^{\ominus})^2}{x_A (p/p^{\ominus})} = \frac{x_B^2}{x_A}\left(\frac{p}{p^{\ominus}}\right)$$

と書け，x_A と x_B を α で表すと，

$$K = \left(\frac{2\alpha}{1+\alpha}\right)^2 \frac{1+\alpha}{1-\alpha}\left(\frac{p}{p^{\ominus}}\right) = \frac{4\alpha^2}{1-\alpha^2}\left(\frac{p}{p^{\ominus}}\right)$$

前項で述べたように，左辺の K は圧力に依存しない（$(\partial K/\partial p)_T = 0$）．したがって，全圧を増加させて，新しい値 p に落ち着いたとすると，右辺では解離度の項と圧力の項の積になっているので，解離度の項は減少する．この項は $0 \leq \alpha \leq 1$ において α の増加関数なので，結局解離度 α は減少することになる．また解離度 α について解くと，

$$K(1-\alpha^2) = 4\alpha^2 \left(\frac{p}{p^{\ominus}}\right)$$

$$K = \alpha^2 \left(K + 4\left(\frac{p}{p^{\ominus}}\right)\right)$$

より，

$$\alpha = \left(\frac{1}{1 + (4p/Kp^{\ominus})}\right)^{1/2}$$

を得る．式からも，p の増加は α の減少につながることがわかる．すなわち，全圧を増加させると，平衡は二量体 A が増加する方向に移動する．平衡定数 K は圧力には依存しないが，平衡組成は圧力の影響を受けないわけではない．

次に，温度の効果を考えよう．今度は，式 (3.72) から出発する．

$$\ln K = -\frac{\Delta_r G^{\ominus}}{RT} \tag{3.72}$$

圧力一定のもとで両辺を温度で微分すると，

$$\frac{d\ln K}{dT} = -\frac{1}{R}\frac{d}{dT}\left(\frac{\Delta_r G^\ominus}{T}\right)$$

であり，式 (3.44)′ のギブズ–ヘルムホルツの式を用いると，

$$\frac{d\ln K}{dT} = -\frac{1}{R}\left(-\frac{\Delta_r H^\ominus}{T^2}\right)$$

となるので，

$$\frac{d\ln K}{dT} = \frac{\Delta_r H^\ominus}{RT^2} \tag{3.77}$$

を得る．この式をファント・ホッフ (van't Hoff) の式と呼ぶ．あるいは，ギブズ–ヘルムホルツの式を導く際にもそうしたように，$1/T$ で微分する形にするため $d(1/T) = (-1/T^2)dT$，すなわち $dT = -T^2 d(1/T)$ を用いると，

$$\frac{d\ln K}{d(1/T)} = -\frac{\Delta_r H^\ominus}{R} \tag{3.78}$$

を得る．この式もファント・ホッフの式と呼ばれる．ル・シャトリエの原理によれば，発熱反応（$\Delta_r H^\ominus < 0$）ならば，温度上昇が起こるとその上昇を和らげる方向，すなわち原系の物質量が増加する方向に平衡は移動することが結論できる．式 (3.78) ではどうであろうか．右辺は正なので，$1/T$ が増加すれば K は増加する．$1/T$ が増加するということは，低温側に移動するということであるから，逆に温度を上昇させれば，平衡定数 K は小さくなる方向，分母すなわち原系の物質量が増加する方向に平衡は移動する．すなわち，ル・シャトリエの原理と同じ結論が得られる．実験的には，圧力 1×10^5 Pa において種々の温度で平衡定数 K を求め，その対数 $\ln K$ を $1/T$ に対してプロットすると，その傾きから標準反応エンタルピー $\Delta_r H^\ominus$ を求めることができる（図 3.16）．このプロットはアレニウス (Arrhenius) プロットと呼ばれ，同様のプロットが反応速度の解析でも用いられる．

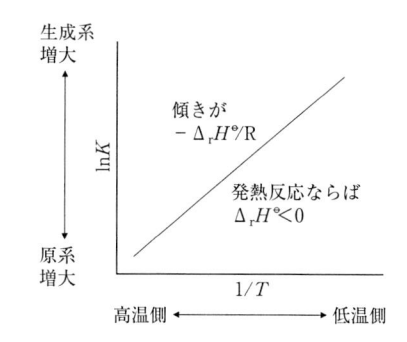

図 3.16 反応エンタルピーのアレニウスプロット

さて，式 (3.77) より，

である.

$$d\ln K = \frac{\Delta_r H^\ominus}{RT^2}dT$$

である.温度 T_1 の平衡定数 K_1 は既知として,温度 T_2 の平衡定数 K_2 を求めるために両辺を温度 T_1 から T_2 まで積分すると,

$$\ln K_2 - \ln K_1 = \int_{T_1}^{T_2} \frac{\Delta_r H^\ominus}{RT^2}dT$$

となる.$\Delta_r H^\ominus$ の温度依存性が無視できるときは,積分の外に出せて,

$$\ln K_2 - \ln K_1 = \frac{\Delta_r H^\ominus}{R}\int_{T_1}^{T_2} \frac{1}{T^2}dT$$

$$\ln K_2 - \ln K_1 = \frac{\Delta_r H^\ominus}{R}\left[-\frac{1}{T}\right]_{T_1}^{T_2}$$

より,

$$\ln K_2 - \ln K_1 = -\frac{\Delta_r H^\ominus}{R}\left(\frac{1}{T_2} - \frac{1}{T_1}\right) \tag{3.79}$$

を得る.この式を用いれば,温度に対する平衡の応答を定量的に扱うことができる.

【例題 3.15】 $N_2(g) + 3H_2(g) \rightleftharpoons 2NH_3(g)$ の 1×10^5 Pa,298.15 K における標準反応エンタルピー $\Delta_r H^\ominus$ は -92.4 kJ mol^{-1},平衡定数 $\ln K$ は 13.31 である.1×10^5 Pa,500 K における平衡定数を求めよ.

解
$$\ln K_2 = \ln K_1 - \frac{\Delta_r H^\ominus}{R}\left(\frac{1}{T_2} - \frac{1}{T_1}\right)$$
$$= 13.31 - \frac{-92.4 \text{ kJ mol}^{-1}}{8.314 \text{ J K}^{-1}\text{ mol}^{-1}}\times\left(\frac{1}{500 \text{ K}} - \frac{1}{298.15 \text{ K}}\right)$$
$$= 13.31 - 15.04824616\cdots$$
$$= -1.738246159\cdots$$
$$= -1.74$$
$$K_2 = e^{\ln K_2} = \exp(-1.738) = 0.18$$

3.10 熱力学の応用:電池の熱力学

電池には化学エネルギー(ギブズエネルギー)を電気エネルギーに変換する化

学電池(通常の電池)と物理的プロセスにより放出されるエネルギーを電気エネルギーに変換する物理電池(太陽電池,原子力電池など)に分類されるが,この節では化学電池内の反応と熱力学的量との関連について述べる.

化学電池には使い捨てのタイプ(一次電池)と充放電の可能なタイプ(二次電池あるいは蓄電池)があり,その他に燃料電池のようなエネルギー変換装置とみなされるタイプがある.従来の電池では負極に金属を用いていたが,1991年に登場したリチウムイオン二次電池は負極に炭素を用いる全く新しいタイプの電池であり,起電力やエネルギー密度が非常に高いために電気自動車や電子機器の更なる発展の鍵を握るデバイスとして現在最も注目されている.

3.10.1 電 極 電 位

化学ポテンシャルは元来,電荷を持たない気体のような中性粒子について導入されたものである(式3.60).一方,電気化学で扱う電極反応は主として荷電粒子の酸化還元反応であるから,化学組成の変化に対応する化学ポテンシャルの他に電気的な仕事(静電ポテンシャル×電荷)を考える必要がある.グッゲンハイム(Guggenheim)は,イオンのポテンシャルについて電気化学ポテンシャル(electrochemical potential)と呼ぶことを提案した(式(3.80)).

$$\tilde{\mu}_i = \mu_i + Z_i F \phi \tag{3.80}$$

ここで,$\tilde{\mu}_i$:iイオンの電気化学ポテンシャル,Z_i:iイオンの電荷,ϕ:電位差,F:ファラデー(Faraday)定数($F = Le = 96485\,\text{C mol}^{-1}$($L$:アボガドロ定数)).

ただし,$\mu_i^\ominus = \mu_i + RT \ln a_i$(式(3.75))で与えられる.

右図で示される金属-金属イオン電極(半電池ともいう)における酸化還元反応は,$\text{Cu}^{2+} + 2\text{e}^- \rightleftarrows \text{Cu}$ で表されるので Cu^{2+}, e^- および Cu についての電気化学ポテンシャルをそれぞれ $\tilde{\mu}_{\text{Cu}^{2+}}$, $\tilde{\mu}_{\text{e}^-}$, $\tilde{\mu}_{\text{Cu}}$ とすると,式(3.81)が成り立つ.

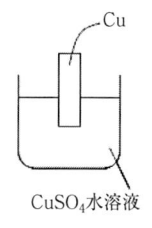

$$\tilde{\mu}_{\text{Cu}^{2+}} + 2\tilde{\mu}_{\text{e}^-} = \tilde{\mu}_{\text{Cu}} \tag{3.81}$$

Cu^{2+}, e^-, Cu について式(3.80)を当てはめると

$$(\tilde{\mu}_{\text{Cu}^{2+}}^\ominus + RT \ln a_{\text{Cu}^{2+}} + 2F\phi_{\text{Cu}^{2+}}) + (2\tilde{\mu}_{\text{e}^-}^\ominus + 2RT \ln a_{\text{e}^-} - 2F\phi_{\text{e}^-})$$
$$= (\tilde{\mu}_{\text{Cu}}^\ominus + RT \ln a_{\text{Cu}} + 0\,F\phi_{\text{Cu}}) \tag{3.82}$$

表 3.3 標準電極電位 (25 ℃)

電極	電極反応	$E^{\ominus}/V$
$Li^+\|Li$	$Li^+ + e^- \leftrightarrows Li$	-3.045
$K^+\|K$	$K^+ + e^- \leftrightarrows K$	-2.925
$Cs^+\|Cs$	$Cs^+ + e^- \leftrightarrows Cs$	-2.923
$Ca^{2+}\|Ca$	$Ca^{2+} + 2e^- \leftrightarrows Ca$	-2.866
$Na^+\|Na$	$Na^+ + e^- \leftrightarrows Na$	-2.713
$Mg^{2+}\|Mg$	$Mg^{2+} + 2e^- \leftrightarrows Mg$	-2.366
$Al^{3+}\|Al$	$Al^{3+} + 3e^- \leftrightarrows Al$	-1.662
$Zn^{2+}\|Zn$	$Zn^{2+} + 2e^- \leftrightarrows Zn$	-0.763
$Fe^{2+}\|Fe$	$Fe^{2+} + 2e^- \leftrightarrows Fe$	-0.440
$Cd^{2+}\|Cd$	$Cd^{2+} + 2e^- \leftrightarrows Cd$	-0.403
$Sn^{2+}\|Sn$	$Sn^{2+} + 2e^- \leftrightarrows Sn$	-0.136
$Pb^{2+}\|Pb$	$Pb^{2+} + 2e^- \leftrightarrows Pb$	-0.126
$Pt, H^+\|H_2$	$2H^+ + 2e^- \leftrightarrows H_2$	0.000
$Sn^{4+}, Sn^{2+}\|Pt$	$Sn^{4+} + 2e^- \leftrightarrows Sn^{2+}$	$+0.154$
$Cl^-, AgCl\|Ag$	$AgCl + e^- \leftrightarrows Ag + Cl^-$	$+0.222$
$Cu^{2+}, Cu^+\|Pt$	$Cu^{2+} + e^- \leftrightarrows Cu^+$	$+0.153$
$Cu^{2+}\|Cu$	$Cu^{2+} + 2e^- \leftrightarrows Cu$	$+0.337$
$I^-, I_2\|Pt$	$I_2 + 2e^- \leftrightarrows 2I^-$	$+0.536$
$Fe^{3+}, Fe^{2+}\|Pt$	$Fe^{3+} + e^- \leftrightarrows Fe^{2+}$	$+0.771$
$Hg_2^{2+}\|Hg$	$Hg_2^{2+} + 2e^- \leftrightarrows 2Hg$	$+0.789$
$Ag^+\|Ag$	$Ag^+ + e^- \leftrightarrows Ag$	$+0.799$
$Hg^{2+}, Hg_2^{2+}\|Pt$	$2Hg^{2+} + 2e^- \leftrightarrows Hg_2^{2+}$	$+0.920$
$Br^-, Br_2\|Pt$	$Br_2 + 2e^- \leftrightarrows 2Br^-$	$+1.087$
$Mn^{2+}, H^+\|MnO_2\|Pt$	$MnO_2 + 4H^+ + 2e^- \leftrightarrows Mn^{2+} + 2H_2O$	$+1.23$
$Cl^-, Cl_2\|Pt$	$Cl_2 + 2e^- \leftrightarrows 2Cl^-$	$+1.359$
$MnO_4^-, MnO_2\|Pt$	$MnO_4^- + 4H^+ + 3e^- \leftrightarrows MnO_2 + 2H_2O$	$+1.695$
$H_2O_2, H_2O\|Pt$	$H_2O_2 + 2H^+ + 2e^- \leftrightarrows 2H_2O$	$+1.776$
$Co^{3+}, Co^{2+}\|Pt$	$Co^{3+} + e^- \leftrightarrows Co^{2+}$	$+1.82$
$F^-, F_2\|Pt$	$F_2 + 2e^- \leftrightarrows 2F^-$	$+2.87$

となる．ここで電子の電気的仕事が負となるのは電子は負の電荷を運ぶためであり，また銅の電気的仕事がゼロとなるのは銅原子の電気的中性のためである．式 (3.82) 中において，$a_{e^-}=1$ とみなして整理すると

$$-2F\phi_{Cu^{2+}} + 2F\phi_{e^-} = 2F(\phi_{e^-} - \phi_{Cu^{2+}})$$
$$= (\mu_{Cu^{2+}}^{\ominus} + 2\mu_{e^-}^{\ominus} - \mu_{Cu}^{\ominus} + RT \ln a_{Cu^{2+}} - RT \ln a_{Cu})$$

ここで，$\phi_{e^-} - \phi_{Cu^{2+}} = \Delta\phi$ とおくと

$$\Delta\phi = \frac{\mu_{Cu^{2+}}^{\ominus} + 2\mu_{e^-}^{\ominus} - \mu_{Cu}^{\ominus}}{2F} + \frac{RT}{2F} \ln \frac{a_{Cu^{2+}}}{a_{Cu}}$$

$$= \Delta\phi^{\ominus} + \frac{RT}{2F} \ln \frac{a_{Cu^{2+}}}{a_{Cu}}$$

$$= \Delta\phi^{\ominus} + \frac{RT}{2F} \ln a_{Cu^{2+}} \qquad (a_{Cu}=1) \tag{3.83}$$

ただし，$\Delta\phi^{\ominus} = \dfrac{\mu_{Cu^{2+}}^{\ominus} + 2\mu_{e^-}^{\ominus} - \mu_{Cu}^{\ominus}}{2F}$

式（3.83）をネルンスト（Nernst）の式といい電池の電位を決定する重要な式である．一般に電極反応を次のように表すと

$$\text{o Ox} + ne^- \rightleftarrows \text{r Red}$$

半電池の電位（E）は式（3.84）で表される．

$$E = E^{\ominus} + \frac{RT}{nF} \ln \frac{(a_{Ox})^o}{(a_{Red})^r} \tag{3.84}$$

ここで $E^{\ominus}$ を標準電極電位（standard electrode potential）と呼び，酸化体および還元体の活量が1のときの電位である．標準電極電位を表3.3に示す．式（3.84）は酸化体の活量が増すと E は正に大きくなることを示している．

電池の電気的仕事（正味の仕事）

$G = A + pV$ より $\Delta G = \Delta A + p\Delta V$（定圧），また，膨張に際して可逆過程のとき最大の仕事をするから

$$-\Delta A = -w_{rev}$$

したがって

$$-\Delta G = -\Delta A - p\Delta V = -w_{rev} - p\Delta V$$

すなわち，電池の放電により放出されるギブズエネルギー変化には体積変化に伴う仕事（$p\Delta V$）も含まれるが，われわれが利用できるのは電気的仕事（正味の仕事）だけであるので，$-w_{rev} = nFE$ とおくと式（3.85）が得られる．

$$\Delta G = -nFE \tag{3.85}$$

同様に標準状態においては

$$\Delta G^{\ominus} = -nFE^{\ominus} \tag{3.86}$$

となる．式（3.85），式（3.86）はギブズエネルギーと電位（起電力）を結びつける重要な関係式である．

3.10.2 電池の起電力

金属 M_1, M_2 からなる電池を次のような式（電池式）で表し，

$$\ominus \overrightarrow{M_1|M_1^{n+}(a_{M_1^{n+}})\|M_2^{m+}(a_{M_2^{m+}})|M_2} \oplus$$

$$\underset{(E_1)}{\text{半電池}} \quad \underset{(E_2)}{\text{半電池}}$$

それぞれの半電池の電位を E_1, E_2 とするとこの電池の起電力（電位差, electromotive force）E は式（3.87）で表せる．

$$E = E_2 - E_1 \tag{3.87}$$

式（3.87）において，$E>0$（正の起電力）であれば，式（3.85）より $\Delta G<0$ となり，反応は矢印（→）の方向に自然に進行することを示している．例として，ダニエル（Daniell）電池について考えてみよう．

ダニエル電池：$\ominus\ Zn|Zn^{2+}\|Cu^{2+}|Cu\ \oplus$

両半電池の電位をそれぞれ $E_{Zn^{2+}/Zn}$, $E_{Cu^{2+}/Cu}$ とすると式（3.84）より

$$Zn^{2+} + 2e^- \rightleftarrows Zn$$

$$E_{Zn^{2+}/Zn} = E^{\ominus}_{Zn^{2+}/Zn} + \frac{RT}{2F}\ln a_{Zn^{2+}}$$

$$Cu^{2+} + 2e^- \rightleftarrows Cu$$

$$E_{Cu^{2+}/Cu} = E^{\ominus}_{Cu^{2+}/Cu} + \frac{RT}{2F}\ln a_{Cu^{2+}}$$

よって起電力

$$\begin{aligned}E &= E_{Cu^{2+}/Cu} - E_{Zn^{2+}/Zn} \\ &= (E^{\ominus}_{Cu^{2+}/Cu} - E^{\ominus}_{Zn^{2+}/Zn}) + \frac{RT}{2F}\ln\frac{a_{Cu^{2+}}}{a_{Zn^{2+}}} \\ &= E^{\ominus} + \frac{RT}{2F}\ln\frac{a_{Cu^{2+}}}{a_{Zn^{2+}}} \quad \text{（ネルンストの式）}\end{aligned} \tag{3.88}$$

ただし，$E^{\ominus} = E^{\ominus}_{Cu^{2+}/Cu} - E^{\ominus}_{Zn^{2+}/Zn}$

$E^{\ominus}$ は $a_{Cu^{2+}} = a_{Zn^{2+}} = 1$ における電位差を表し標準起電力（standard electromotive force）と呼ばれる．

ダニエル電池の全電池反応は次のように表され，反応が平衡であれば

$$Zn + Cu^{2+} \rightleftarrows Zn^{2+} + Cu$$

式（3.72）より

$$\Delta G^{\ominus} = -RT\ln Ka \quad Ka：活量で表した平衡定数$$

また式（3.86）を用いると

$$E^{\ominus} = \frac{RT}{nF}\ln Ka \tag{3.89}$$

式（3.89）は標準起電力より平衡定数が求まることを示している．

【例題 3.16】 ダニエル電池内で起こる反応（平衡における反応）の 25 ℃ における平衡定数を求めよ．

解 表 3.1 より反応 $Zn + Cu^{2+}$ の標準起電力（$E^{\ominus}$）は

$$E^{\ominus} = 0.337 \text{ V} - (-0.763 \text{ V}) = 1.100 \text{ V}$$

式（3.88）より

$$\ln Ka = E^{\ominus} \times \frac{nF}{RT} = 1.100 \text{ V} \times \frac{2 \times 96485 \text{ C mol}^{-1}}{8.314 \text{ JK}^{-1}\text{mol}^{-1} \times 298 \text{ K}}$$

$$= 85.67 \qquad (J = VC)$$

よって，$Ka = 1.607 \times 10^{37}$ となる．

ギブズエネルギー変化とネルンストの式

ネルンストの式は電池反応のギブズエネルギー変化からも導くことができる．次の反応において

$$a\text{A} + b\text{B} \rightleftarrows \ell\text{L} + m\text{M}$$

$$\Delta G = \Delta G^{\ominus} + RT \ln \frac{[\text{L}]^{\ell}[\text{M}]^{m}}{[\text{A}]^{a}[\text{B}]^{b}}$$

この式に式（3.85），（3.86）を代入すると

$$-nFE = -nFE^{\ominus} + RT \ln \frac{[\text{L}]^{\ell}[\text{M}]^{m}}{[\text{A}]^{a}[\text{B}]^{b}}$$

両辺を $-nF$ で割ると

$$E = E^{\ominus} - \frac{RT}{nF} \ln \frac{[\text{L}]^{\ell}[\text{M}]^{m}}{[\text{A}]^{a}[\text{B}]^{b}}$$

活量を用いると

$$E = E^{\ominus} - \frac{RT}{nF} \ln \frac{a_{\text{L}}^{\ell} a_{\text{M}}^{m}}{a_{\text{A}}^{a} a_{\text{B}}^{b}}$$

あるいは

$$E = E^{\ominus} + \frac{RT}{nF} \ln \frac{a_{\text{A}}^{a} a_{\text{B}}^{b}}{a_{\text{L}}^{\ell} a_{\text{M}}^{m}} \qquad （ネルンストの式）$$

3.10.3 起電力とエンタルピー，エントロピー

式 (3.43) より

$$\Delta G = \Delta H + T\left(\frac{\partial \Delta G}{\partial T}\right)_p \quad \text{(Gibbs-Helmholtz の式)}$$

この式に $\Delta G = -nFE$ を代入すると

$$\Delta H = -nFE + nFT\left(\frac{\partial E}{\partial T}\right)_p \tag{3.90}$$

$(\partial E/\partial T)_p$ を温度係数といい，電池の起電力の温度変化から求めることができる．
また，式 (3.36) より

$$-\Delta S = \left(\frac{\partial \Delta G}{\partial T}\right)_p$$

この式に $\Delta G = -nFE$ を代入すると

$$\Delta S = nF\left(\frac{\partial E}{\partial T}\right)_p \tag{3.91}$$

以上のように，電池の起電力測定からエンタルピー変化およびエントロピー変化を求めることができる．

【例題 3.17】 次の電池の標準起電力 ($E^⦵$) は 25℃ において 222.4 mV である．

$$\ominus \text{Pt}|\text{H}_2(\text{g}, 10^5\,\text{Pa})|\text{HCl(aq)}|\text{AgCl(s)}|\text{Ag} \oplus$$

また 0℃ から 90℃ における標準起電力の温度係数 $(\partial E^⦵/\partial T)_p$ は $-6.45 \times 10^{-4}\,\text{VK}^{-1}$ である．

(1) 電池反応を示せ．
(2) $\Delta G^⦵$，$\Delta H^⦵$，$\Delta S^⦵$ を求めよ．

解 (1)

$$\text{負極} \quad \frac{1}{2}\text{H}_2 + \text{Cl}^- \rightarrow \text{HCl} + \text{e}^-$$

$$\underline{\text{正極} \quad \text{AgCl} + \text{e}^- \rightarrow \text{Ag} + \text{Cl}^-}$$

$$\text{全電池反応} \quad \frac{1}{2}\text{H}_2 + \text{AgCl} \rightleftarrows \text{HCl} + \text{Ag}$$

$n = 1$ より

(2) $\Delta G^⦵ = -nFE^⦵ = -96485\,\text{C mol}^{-1} \times 0.2224 \times 10^{-3}\,\text{V}$

$\qquad\qquad = -21.5\,\text{kJ mol}^{-1}\,(\text{J}=\text{VC})$

$\Delta H^⦵ = -nFE^⦵ + nFT\left(\frac{\partial E^⦵}{\partial T}\right)_p$

$$= -21.5 \text{ kJ mol}^{-1} + 96485 \text{ C mol}^{-1} \times 298 \text{ K} \times (-6.45 \times 10^{-4} \text{ VK}^{-1})$$
$$\times 10^{-3} = -40.0 \text{ kJ mol}^{-1}$$
$$\Delta S^{\ominus} = nF\left(\frac{\partial E^{\ominus}}{\partial T}\right)_p = 96485 \text{ C mol}^{-1} \times 6.45 \times 10^{-4} \text{ VK}^{-1}$$
$$= -62.2 \text{ JK}^{-1}\text{mol}^{-1}$$

演習問題

3.1 マクスウェルの関係式 (3.38) と (3.39) を導け.

3.2 式 (3.65) が例題 3.5 と同じ答えを与えていることを確かめよ.

3.3 断熱容器の中で 100 ℃ の銅 30 g と 20 ℃ の銅 20 g を熱接触させた.
(a) 最終的に温度は何度になるであろうか.
(b) そこに至るエントロピー変化を求めよ.
　　ただし銅の原子量は 63.5 g mol^{-1} であり, 25 ℃ における銅の標準モル熱容量は $C_{p,m}^{\ominus} = 24.4$ J K^{-1} mol^{-1} で, その温度依存性は無視できるものとする.

3.4 $2NO_2(g) \rightarrow N_2O_4(g)$ の反応について次の問に答えよ.
(a) 1×10^5 Pa, 25 ℃ におけるこの反応の標準反応エンタルピー ($\Delta_r H^{\ominus}$), 標準反応エントロピー ($\Delta_r S^{\ominus}$) および標準反応ギブズエネルギー ($\Delta_r G^{\ominus}$) を求めよ.
(b) 1×10^5 Pa, 100 ℃ におけるこの反応のエンタルピー変化 ($\Delta_r H^{\ominus}$ (100 ℃)) を求めよ.
　　ただし, $NO_2(g)$ と $N_2O_4(g)$ の定圧熱容量 (C_p) の温度依存性は無視できるとする.
(c) 1×10^5 Pa, 25 ℃ においてこの反応は自発的に進むか. その理由も述べよ.

3.5 25 ℃ と 100 ℃ における $2NO_2(g) \rightleftharpoons N_2O_4(g)$ の平衡定数 $K(25℃)$ と $K(100℃)$ を求めよ. 求めた K の値は反応式から見て妥当であるか考察せよ.
　　必要であれば, 次の 1×10^5 Pa, 25 ℃ における値を用いよ.

	$\Delta_f H^{\ominus}$/ kJ mol^{-1}	$S_m^{\ominus}$/J K^{-1} mol^{-1}	$C_{p,m}^{\ominus}$/J K^{-1} mol^{-1}
$NO_2(g)$	33.1	240.0	37.9
$N_2O_4(g)$	9.1	304.4	77.3

3.6 次の電池の 25 ℃ における起電力は 0.965 V である. また温度係数は 1.74×10^{-4} VK^{-1} である.
$$\ominus \text{ Pb(s)|PbSO}_4\text{(s)|Na}_2\text{SO}_4\text{(飽和)|Hg}_2\text{SO}_4\text{(s)|Hg(l) } \oplus$$
(1) 電池反応を示せ.
(2) ΔG, ΔH, ΔS を求めよ.

3.7 リチウムイオン二次電池の充放電反応について述べよ.

4

相平衡と溶液

　前章までは，気体やその混合物を取り上げ，熱力学の基礎を説明してきた．本章では，溶液の性質と相平衡を熱力学的に取り扱う．前半では，溶液の性質を議論する際に重要となるラウール（Raoult）の法則とヘンリー（Henry）の法則を利用して，気体の化学ポテンシャルから溶液中の溶媒および溶質の化学ポテンシャルを表す式を導出し，その応用例として沸点上昇を取り上げる．その過程で，理想溶液，理想希薄溶液，活量など，溶液の性質を熱力学的に扱う上で重要な概念が導入される．後半では，相律の概念を導入し，それを用いて一成分系と二成分系の状態図の説明を行う．特に，二成分系の状態図にはいくつかの表し方があり，かつ系によってさまざまな形があるので，例を挙げながら特徴のある状態図を紹介する．

4.1 濃　　　度

　溶液（solution）は液体に他の物質を溶かした均一混合物であり，一般に前者（液体）を**溶媒**（solvent），後者（溶媒に溶かされた物質）を**溶質**（solute）と呼んでいる．水とエタノールのようにどのような割合でも混ざり合うことのできる2種類の液体を混合した場合，どちらの成分を溶媒と考えてもかまわないが，通常は量の多い方の成分を溶媒としている．

　溶液の組成は，質量パーセント濃度，（**容量**）**モル濃度**（molar concentration または molarity），**質量モル濃度**（molality），**モル分率**で表される．溶液の単位体積中に含まれる溶質分子の数（物質量）が問題となるときにはモル濃度が，溶媒分子の数と溶質分子の数の比が重要なときにはモル分率または質量モル濃度が用いられる．簡単のため，溶媒 n_1 [mol] と溶質 n_2 [mol] からなる二成分溶液を例

にとり，各濃度について説明する．

4.1.1 （容量）モル濃度

溶質のモル濃度は，溶液中に含まれる溶質の物質量 n_2 [mol] を溶液の体積 V [dm^3] で割ったものであり，溶液 1 dm^3（1 l）中に含まれる溶質の物質量を表している．

$$c_2 = \frac{溶質の物質量[\text{mol}]}{溶液の体積[\text{dm}^3]} = \frac{n_2}{V} \tag{4.1}$$

モル濃度 c_2 の単位は，上式から明らかなように mol dm^{-3} である．

モル濃度は化学においてよく使われる濃度であるが，溶液の体積を用いて定義されているため，溶液の温度が変化するとモル濃度も変化することに注意が必要である．

4.1.2 質量モル濃度

溶質の質量モル濃度は，溶液中に含まれる溶質の物質量 n_2 [mol] を溶液中の溶媒の質量 m_1 [kg] で割ったものであり，溶媒 1 kg に溶かされている溶質の物質量を表している．

$$b_2 = \frac{溶質の物質量[\text{mol}]}{溶媒の質量[\text{kg}]} = \frac{n_2}{m_1} \tag{4.2}$$

質量モル濃度 b_2 の単位は mol kg^{-1} である（質量モル濃度を表す記号は m_2 を用いることが多いが，本章では溶媒の質量を表す m_1 との混同をさせるため b_2 を用いた）．

質量モル濃度は溶媒の質量を用いて定義されているため，モル濃度のように溶液温度によって変化することはない．

4.1.3 モル分率

モル分率は，すでに1.4節で理想気体混合物を扱った際に説明されているが，溶液中の全成分の物質量の和に対する注目している成分の物質量の割合である．いずれかの成分を溶媒とする必要はなく，どの成分についてもモル分率を求めることができる．

$$x_1 = \frac{成分1の物質量[\text{mol}]}{全成分の物質量の和[\text{mol}]} = \frac{n_1}{n_1 + n_2}, \quad x_2 = \frac{n_2}{n_1 + n_2} \tag{4.3}$$

モル分率は無次元量であり，単位はない．定義から明らかなように，全成分のモル分率を足し合わせると1になる（$x_1+x_2=1$）．

モル分率は，質量モル濃度と同様，溶液温度が変わっても変化しない．

【例題 4.1 ショ糖水溶液の濃度】 ショ糖（モル質量 342.3 g mol^{-1}）10.0 g を水 90.0 g に溶かした．この溶液の 20℃におけるショ糖のモル濃度，質量モル濃度，モル分率を求めよ．ただし，この溶液の 20℃における密度は 1.038 g cm^{-3} である．

解 ショ糖の物質量は $(10.0 \text{ g})/(342.3 \text{ g mol}^{-1})=2.921\times 10^{-2}$ mol，水の物質量は $(90.0 \text{ g})/(18.0 \text{ g mol}^{-1})=5.00$ mol であるから，ショ糖のモル分率は

$$x_2=\frac{2.921\times 10^{-2} \text{ mol}}{(5.00 \text{ mol})+(2.921\times 10^{-2} \text{ mol})}=5.81\times 10^{-3}$$

水の質量は $90.0 \text{ g}=90.0\times 10^{-3}$ kg であるから，ショ糖の質量モル濃度は

$$b_2=\frac{2.921\times 10^{-2} \text{ mol}}{90.0\times 10^{-3} \text{ kg}}=0.325 \text{ mol kg}^{-1}$$

溶液の質量は $(10.0 \text{ g})+(90.0 \text{ g})=100.0$ g であるから，溶液の体積は $(100.0 \text{ g})/(1.038 \text{ g cm}^{-3})=96.34 \text{ cm}^3=96.34\times 10^{-3} \text{ dm}^3$ となるので，ショ糖のモル濃度は

$$c_2=\frac{2.921\times 10^{-2} \text{ mol}}{96.34\times 10^{-3} \text{ dm}^3}=0.303 \text{ mol dm}^{-3}$$

上の例題のように3種の濃度は通常異なる値をとり，濃度の換算には面倒な計算を必要とする．しかし，溶液が希薄であれば濃度換算は簡単になる．希薄溶液の場合，溶質の物質量は溶媒に比べきわめて少ない（$n_2 \ll n_1$）ので，溶媒のモル質量を $M_1 \text{ [kg mol}^{-1}]$ とすると，溶質のモル分率 x_2 は

$$x_2=\frac{n_2}{n_1+n_2}\approx\frac{n_2}{n_1}=M_1\frac{n_2}{M_1 n_1}=M_1\frac{n_2}{m_1}=M_1 b_2 \tag{4.4}$$

となり，溶質の質量モル濃度 b_2 に比例する．さらに，溶媒が水の場合には，常温での密度がほぼ 1 g cm^{-3} であり，水（希薄水溶液）1 dm^3 は 1 kg であるので，モル濃度 c_2 と質量モル濃度 b_2 の値は等しくなる．なお，例題 4.1 よりも薄いショ糖水溶液の濃度を求める問題が演習問題 4.1 にあるので参照されたい．

4.2 溶液に関する法則

4.2.1 ラウールの法則

　液体とその蒸気が平衡にあるとき，液体中の分子の一部が分子間力に打ち勝って液体から出ていく蒸発（vaporization）の割合と，蒸気中の分子の一部が液体に入っていく凝縮（condensation）の割合は等しく，このとき蒸気が示す圧力を**蒸気圧**という．液体の蒸気圧は不揮発性物質を溶かすと低下することが知られており，ラウールは希薄溶液の蒸気圧降下が不揮発性溶質の濃度と次の関係にあることを示した．

$$\frac{p_1^* - p_1}{p_1^*} = x_2 \tag{4.5}$$

ここで，p_1^* と p_1 はそれぞれ純溶媒と溶液の蒸気圧であり，x_2 は不揮発性溶質のモル分率である．溶媒のモル分率を x_1 と表すと，$x_1+x_2=1$ であるから，式 (4.5) は溶媒に関する物理量だけを含む式に書き直すことができる．

$$p_1 = x_1 p_1^* \tag{4.6}$$

のちに，溶質が揮発性物質の場合にも，p_1 を溶液と平衡にある蒸気中の溶媒蒸気の分圧とすると式 (4.6) が成り立ち，溶質蒸気の分圧 p_2 に関しても同様に

$$p_2 = x_2 p_2^* \tag{4.7}$$

が成立することがわかった．ただし，p_2^* は純溶質の蒸気圧である．式 (4.6) と式 (4.7) は，溶液中の各成分が蒸気相中で示す分圧 (p_1, p_2) はその成分の溶液中でのモル分率 (x_1, x_2) とその成分が純粋なときに示す蒸気圧 (p_1^*, p_2^*) の積であることを示しており，これを**ラウールの法則**という．

　ラウールの法則に従う二成分溶液の全蒸気圧は

$$p = p_1 + p_2 = x_1 p_1^* + x_2 p_2^* = (1-x_2)p_1^* + x_2 p_2^* = x_2(p_2^* - p_1^*) + p_1^* \tag{4.8}$$

となり，x_2 に対して直線的に変化することがわかる．式 (4.6) と式 (4.7) より，蒸気の各分圧も x_2 に対して直線的に変化するのは明らかである．例として，図 4.1 に 80℃におけるトルエン(1)-ベンゼン(2)混合溶液の全蒸気圧と各分圧の組成依存性を示す．この溶液のように全濃度範囲にわたってラウールの法則に従う溶液を**理想溶液**（ideal solution）という．

　トルエン-ベンゼン混合溶液が理想溶液となるのは互いに似た分子構造を持っ

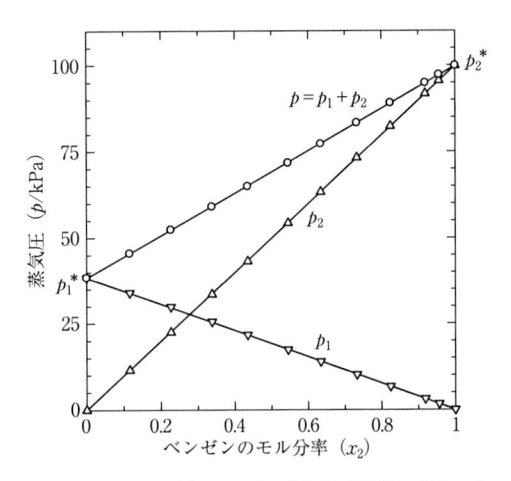

図4.1 トルエン(1)-ベンゼン(2) 混合溶液の蒸気の分圧と全圧（80℃）（参考文献1の表9.58のデータをもとに作図）

ているためで，通常実在溶液は理想溶液とはみなせない．ラウールの法則（破線）から正のずれを示す例として，40℃におけるシクロヘキサン(1)-ベンゼン(2) 混合溶液を図4.2に，負のずれの例として35℃におけるアセトン(1)-クロロホルム(2) 混合溶液を図4.3に示す．これらのずれは，異種分子間の相互作用

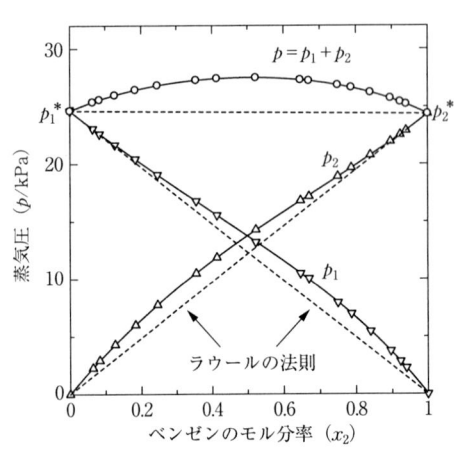

図4.2 シクロヘキサン(1)-ベンゼン(2) 混合溶液の蒸気の分圧と全圧（40℃）（参考文献1の表9.58のデータをもとに作図）

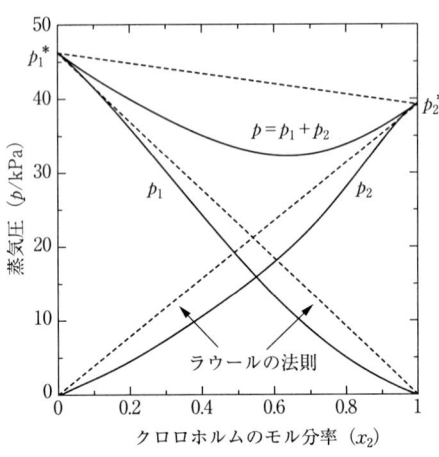

図4.3 アセトン(1)-クロロホルム(2) 混合溶液の蒸気の分圧と全圧（35℃）（参考文献2のFIG. 9-3 (a) よりデータを読み取り作図）

が同種分子間の相互作用の平均値よりも前者では弱く，後者では強いためである．しかし，モル分率（p_1 については x_1，p_2 については x_2）が1に近いところに限れば，ラウールの法則が成り立っていることがわかる．いいかえれば，希薄溶液の溶媒蒸気の分圧に関してであれば，実在溶液についてもラウールの法則が成立することを示している．

【例題 4.2 ショ糖水溶液の蒸気圧】 ショ糖 10.00 g を水 190.00 g に溶かした．この溶液の 25 ℃ における蒸気圧を求めよ．ただし，25 ℃ の水の蒸気圧は 3.167 kPa である．

解 ショ糖の物質量は $(10.00 \text{ g})/(342.3 \text{ g mol}^{-1}) = 2.921 \times 10^{-2}$ mol，水の物質量は $(190.00 \text{ g})/(18.02 \text{ g mol}^{-1}) = 10.54$ mol であるから，水のモル分率は

$$x_1 = \frac{10.54 \text{ mol}}{(10.54 \text{ mol}) + (2.921 \times 10^{-2} \text{ mol})} = 0.9972$$

式 (4.6) よりショ糖水溶液の蒸気圧は

$$p_1 = 0.9972 \times (3.167 \text{ kPa}) = 3.158 \text{ kPa}$$

4.2.2 理想溶液の化学ポテンシャル

理想気体の化学ポテンシャルは既に知られているので，ラウールの法則から理想溶液の化学ポテンシャルを求めることができる．今，溶媒1と溶質2からなる二成分理想溶液 (l) が蒸気相 (g) と平衡にあるものとする．蒸気が理想気体であれば，各成分の蒸気相での化学ポテンシャルは

$$\mu_i^{(g)} = \mu_i^{\ominus(g)} + RT \ln \frac{p_i}{p^{\ominus}} \quad (i=1,2) \tag{4.9}$$

である（3.8 節参照）．気－液平衡状態では各成分について，溶液相と蒸気相の化学ポテンシャルは等しいとおけるので，

$$\mu_i^{(l)} = \mu_i^{(g)} = \mu_i^{\ominus(g)} + RT \ln \frac{p_i}{p^{\ominus}} \quad (i=1,2) \tag{4.10}$$

である．ラウールの法則によると，各成分の蒸気の分圧 p_i は溶液中のモル分率 x_i とその成分が純粋なときに示す蒸気圧 p_i^* の積であるから，

$$\mu_i^{(l)} = \mu_i^{\ominus(g)} + RT \ln \frac{x_i p_i^*}{p^{\ominus}} = \mu_i^{\ominus(g)} + RT \ln \frac{p_i^*}{p^{\ominus}} + RT \ln x_i \quad (i=1,2)$$

$$\tag{4.11}$$

となる．上式右辺の3つの項のうち溶液組成に依存するのは最後の項だけであるから，最初の2項をまとめて

$$\mu_i^{*(l)} = \mu_i^{\ominus(g)} + RT \ln \frac{p_i^*}{p^\ominus} \quad (i=1, 2) \tag{4.12}$$

とおくと，理想溶液の各成分の化学ポテンシャルの式

$$\mu_i^{(l)} = \mu_i^{*(l)} + RT \ln x_i \quad (i=1, 2) \tag{4.13}$$

が得られる．ここで，$\mu_i^{*(l)}$ は成分 i の純粋な液体の化学ポテンシャルである．

理想溶液であれば，溶媒についても溶質についても全濃度範囲にわたってラウールの法則を満足するので，式 (4.13) はどちらの成分に対しても全濃度範囲にわたって成り立つ．実在溶液の場合，式 (4.13) は一般には使用できないが，希薄溶液の溶媒成分に限れば使うことができる．

【例題 4.3 溶解に伴う溶媒の化学ポテンシャル変化】 25 ℃のベンゼン（モル質量 78.1 g mol^{-1}）156.2 g にナフタレン（モル質量 128.2 g mol^{-1}）12.8 g を溶かしたとき，ベンゼンの化学ポテンシャルの変化はいくらか．

解 ベンゼンのモル分率は

$$\frac{(156.2 \text{ g})/(78.1 \text{ g mol}^{-1})}{\{(156.2 \text{ g})/(78.1 \text{ g mol}^{-1})\} + \{(12.8 \text{ g})/(128.2 \text{ g mol}^{-1})\}} = 0.952$$

式 (4.13) より，溶解に伴うベンゼンの化学ポテンシャルの変化は

$$\mu_1^{(l)} - \mu_1^{*(l)} = RT \ln x_1 = (8.314 \text{ J K}^{-1} \text{ mol}^{-1}) \times (298 \text{ K}) \times \ln 0.952 = -122 \text{ J mol}^{-1}$$

4.2.3 ヘンリーの法則

前項で述べたように，実在溶液の場合，希薄溶液の溶媒成分についてしかラウールの法則は成り立たず，化学ポテンシャルの式 (4.13) は溶質成分に対しては使用できない．希薄溶液の溶質の化学ポテンシャルは，もう1つの溶液に関する法則であるヘンリーの法則から求めることができる．

シクロヘキサン-ベンゼン混合溶液の蒸気圧の図 4.2 をよく見ると，希薄溶液では，ラウールの法則と同じように，溶質蒸気の分圧は溶液中での溶質のモル分率に比例していることがわかる（図 4.4）．すなわち，

$$p_2 = K_2 x_2 \tag{4.14}$$

と書き表せる．これを**ヘンリーの法則**といい，比例定数 K_2 をヘンリーの法則の

定数という（理想溶液であれば，$K_2 = p_2^*$ となりラウールの法則と一致する）．なお，ヘンリーの法則が成り立つ濃度範囲にある溶液を**理想希薄溶液**（ideal dilute solution）という．

式（4.10）は，蒸気が理想気体とみなせるならば，理想溶液でなくても成り立つので，溶質の化学ポテンシャルは

$$\mu_2^{(l)} = \mu_2^{(g)} = \mu_2^{\ominus(g)} + RT \ln \frac{p_2}{p^{\ominus}} \tag{4.15}$$

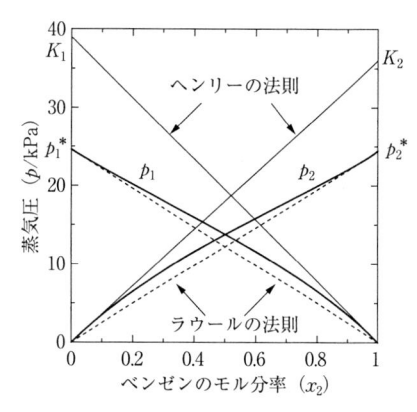

図 4.4 シクロヘキサン(1)-ベンゼン(2) 混合溶液の蒸気の分圧 (40℃) を使ったヘンリーの法則の説明

である．ヘンリーの法則によると式（4.14）が成り立つから，

$$\mu_2^{(l)} = \mu_2^{\ominus(g)} + RT \ln \frac{K_2 x_2}{p^{\ominus}} = \mu_2^{\ominus(g)} + RT \ln \frac{K_2}{p^{\ominus}} + RT \ln x_2 \tag{4.16}$$

となる．式（4.16）の右辺の 3 つの項のうち溶液組成に依存するのは最後の項だけであるから，最初の 2 項をまとめて

$$\mu_2^{\ominus(l)} = \mu_2^{\ominus(g)} + RT \ln \frac{K_2}{p^{\ominus}} \tag{4.17}$$

とおくと，理想希薄溶液の溶質の化学ポテンシャルの式

$$\mu_2^{(l)} = \mu_2^{\ominus(l)} + RT \ln x_2 \tag{4.18}$$

が得られる．ここで，$\mu_2^{\ominus(l)}$ は，モル分率は 1 であるが，無限希釈のときと同じ溶液の性質を示す仮想的な状態（標準状態）にある溶質の化学ポテンシャルである．

希薄溶液の場合，溶質のモル分率は質量モル濃度と式（4.4）のような簡単な比例関係にあるので，ヘンリーの法則は

$$p_2 = b_2 K_2' \tag{4.19}$$

と表すこともできる．ただし，この場合のヘンリーの法則の定数 K_2' の単位は Pa kg mol^{-1} である（式（4.14）の K_2 の単位は Pa であった）．式（4.15）に式（4.19）を代入して整理すると，

となる．ここで，$b^\ominus$ は標準質量モル濃度すなわち $1\,\mathrm{mol\,kg^{-1}}$ である．

$$\mu_2^{\ominus(\mathrm{l})\prime} = \mu_2^{\ominus(\mathrm{g})} + RT\ln\frac{b^\ominus K_2'}{p^\ominus} \tag{4.21}$$

とおくと，理想希薄溶液の溶質の化学ポテンシャルの式として

$$\mu_2^{(\mathrm{l})} = \mu_2^{\ominus(\mathrm{l})\prime} + RT\ln\frac{b_2}{b^\ominus} \tag{4.22}$$

が得られる．ここで，$\mu_2^{\ominus(\mathrm{l})\prime}$ は，濃度は $1\,\mathrm{mol\,kg^{-1}}$ であるが，無限希釈のときと同じ溶液の性質を示す仮想的な状態（標準状態）にある溶質の化学ポテンシャルである．式 (4.18) とは標準状態が異なるので注意が必要である．

ヘンリーの法則は，気体の溶解度についての法則と考えることもできる．式 (4.14) または式 (4.19) を書き換えると，

$$x_2 = \frac{p_2}{K_2} \quad \text{または} \quad b_2 = \frac{p_2}{K_2'} \tag{4.23}$$

となり，一定量の液体に溶ける気体の物質量は気体の圧力（分圧）に比例することがわかる（ただし，溶解度の低い気体に限定される）．

【例題 4.4 酸素の水への溶解度】 水に溶けた酸素（モル質量 $32.0\,\mathrm{g\,mol^{-1}}$）の 25℃ におけるヘンリーの法則の定数は $74.7\,\mathrm{MPa\,kg\,mol^{-1}}$ である．25℃，酸素分圧 $2.0\times10^4\,\mathrm{Pa}$ では水 $1.0\,\mathrm{kg}$ に何 g の酸素が溶けるか．

解 式 (4.23) より，水に溶けた酸素の濃度は

$$b_2 = \frac{2.0\times10^4\,\mathrm{Pa}}{74.7\times10^6\,\mathrm{Pa\,kg\,mol^{-1}}} = 2.68\times10^{-4}\,\mathrm{mol\,kg^{-1}}$$

したがって，水 $1.0\,\mathrm{kg}$ に溶けた酸素の質量は

$$(2.68\times10^{-4}\,\mathrm{mol\,kg^{-1}})\times(1.0\,\mathrm{kg})\times(32.0\,\mathrm{g\,mol^{-1}}) = 8.6\times10^{-3}\,\mathrm{g} = 8.6\,\mathrm{mg}$$

4.2.4 束一的性質

少量の溶質を溶かすことによって起こる溶媒の蒸気圧降下，溶液の沸点上昇，凝固点降下，浸透圧は，溶けている溶質の分子数によって決まり溶質の種類には依存しない希薄溶液の性質であり，**束一的性質**（colligative property）と呼ばれている．ここでは，溶媒の蒸気圧降下と溶液の沸点上昇について説明する．残り

の2つについては参考文献を参照されたい．

a. 蒸気圧降下

理想希薄溶液では，溶媒についてラウールの法則（式 (4.5)）が成り立つ．不揮発性の溶質であれば，式中の溶媒蒸気の分圧 p_1 は溶液の蒸気圧 p と考えてよい．さらに，希薄溶液では溶質のモル分率と質量モル濃度の間には式 (4.4) の関係があるから，蒸気圧降下は

$$\Delta p = p_1^* - p_1 = p_1^* x_2 = p_1^* M_1 b_2 \tag{4.24}$$

となる．すなわち，理想希薄溶液の蒸気圧降下は溶質の質量モル濃度に比例し，比例定数は溶媒の種類（モル質量と蒸気圧）によって決まる．

b. 沸点上昇

図 4.5 は，純溶媒の蒸気圧の温度依存性が不揮発性溶質の溶解によりどう変化するかを示したものである．この図からわかるように，不揮発性溶質の溶解により蒸気圧が Δp だけ降下することによって，溶液の沸点は ΔT_b だけ上昇する．

一定の温度・圧力のもとで理想希薄溶液と純溶媒の蒸気が平衡にあるものとする．このとき，溶液中の溶媒の化学ポテンシャル $\mu_1^{(l)}$ (式 (4.13)) と純溶媒の蒸気の化学ポテンシャル $\mu_1^{*(g)}$ は等しいので，

$$\mu_1^{(l)} = \mu_1^{*(l)} + RT \ln x_1 = \mu_1^{*(g)} \tag{4.25}$$

となり，これを変形すると，

$$\ln x_1 = \frac{\mu_1^{*(g)} - \mu_1^{*(l)}}{RT} = \frac{G_{m1}^{(g)} - G_{m1}^{(l)}}{RT} \tag{4.26}$$

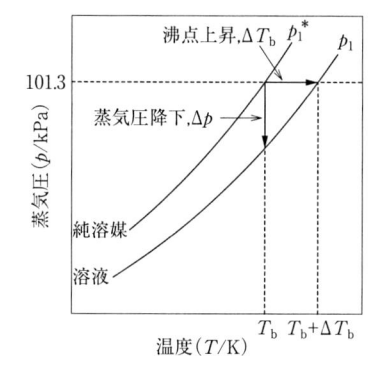

図 4.5 蒸気圧降下と沸点上昇（101.3 kPa = 1 atm）

を得る．$G_{m1}^{(g)}$ と $G_{m1}^{(l)}$ は，純溶媒の蒸気と液体のモルギブズエネルギーである．上式を圧力一定で温度で微分し，ギブズ-ヘルムホルツの式 (3.44)′ を用いると，

$$\left(\frac{\partial \ln x_1}{\partial T}\right)_p = \frac{1}{R}\left(\frac{\partial}{\partial T} \frac{G_{m1}^{(g)} - G_{m1}^{(l)}}{T}\right)_p = -\frac{H_{m1}^{(g)} - H_{m1}^{(l)}}{RT^2} = -\frac{\Delta_{vap} H_1}{RT^2}$$

となる．ここで，$H_{m1}^{(g)}$ と $H_{m1}^{(l)}$ は純溶媒の蒸気と液体のモルエンタルピー，

$\Delta_{vap}H_1$ は純溶媒の蒸発エンタルピーである．$\Delta_{vap}H_1$ は温度に依存しないとし，上式を純溶媒（$x_1=1$）の沸点 T_b から理想希薄溶液（$x_1<1, x_2\ll 1$）の沸点 $T(T\cong T_b)$ まで積分すると，左辺は

$$\int_{T_b}^{T}\left(\frac{\partial \ln x_1}{\partial T}\right)_p dT = \int_{\ln 1}^{\ln x_1} d\ln x_1 = \ln x_1 = \ln(1-x_2) \cong -x_2$$

となり，右辺は

$$-\int_{T_b}^{T}\frac{\Delta_{vap}H_1}{RT^2}dT = -\frac{\Delta_{vap}H_1}{R}\int_{T_b}^{T}\frac{1}{T^2}dT = \frac{\Delta_{vap}H_1}{R}\left(\frac{1}{T}-\frac{1}{T_b}\right)$$

$$= -\frac{\Delta_{vap}H_1(T-T_b)}{RT_bT} \cong -\frac{\Delta_{vap}H_1 \Delta T_b}{RT_b^2}$$

となる．$\Delta T_b = T - T_b$ が沸点上昇であり，これは上の二式から

$$\Delta T_b = \frac{RT_b^2}{\Delta_{vap}H_1}x_2 \tag{4.27}$$

と求まる．式 (4.4) を用いて溶質のモル分率を質量モル濃度で置き換えると，

$$\Delta T_b = \left(\frac{RT_b^2 M_1}{\Delta_{vap}H_1}\right)b_2 = K_b b_2 \tag{4.28}$$

となる．K_b は沸点上昇定数 (boiling-point elevation constant) と呼ばれており，上式からわかるように溶媒に固有の定数である．すなわち，理想希薄溶液の沸点上昇も溶質の質量モル濃度に比例し，比例定数は溶媒の種類によって決まる．

【例題 4.5 沸点上昇によるモル質量の決定】 ある不揮発性物質 100 mg をベンゼン 10.0 g に溶かしたところ，沸点はベンゼンの沸点よりも 0.164 K 高くなった．この不揮発性物質のモル質量を求めよ．ただし，ベンゼンの沸点上昇定数は 2.53 K kg mol^{-1} である．

解 求める不揮発性物質のモル質量を M とすると，式 (4.28) より

$$0.164\text{ K} = (2.53\text{ K kg mol}^{-1}) \times \frac{(100\times 10^{-3}\text{ g})/M}{10.0\times 10^{-3}\text{ kg}}$$

したがって，

$$M = \frac{2.53\text{ K kg mol}^{-1}}{0.164\text{ K}} \times \frac{100\times 10^{-3}\text{ g}}{10.0\times 10^{-3}\text{ kg}} = 154\text{ g mol}^{-1}$$

4.2.5 活量と活量係数

　理想溶液の各成分の化学ポテンシャルは式（4.13）で表される．理想溶液とみなせない実在溶液でも，十分希薄な場合（理想希薄溶液）には，溶媒の化学ポテンシャルは式（4.13）で，溶質の化学ポテンシャルは式（4.18）あるいは式（4.22）で表される．では，希薄でない場合には化学ポテンシャルをどのように表せばよいであろうか．3.8.3項では，実在気体の化学ポテンシャルを表すために，圧力の代わりにフガシティー（実効的圧力）fを導入した．実在溶液に対しても同じように，理想希薄溶液の式の濃度（モル分率または質量モル濃度）を実効濃度に置き換えればよい．

$$溶媒： \mu_1^{(l)} = \mu_1^{*(l)} + RT \ln a_1 \tag{4.29}$$

$$溶質： \mu_2^{(l)} = \mu_2^{\ominus(l)} + RT \ln a_2 \tag{4.30}$$

$$\mu_2^{(l)} = \mu_2^{\ominus(l)'} + RT \ln a_2' \tag{4.31}$$

ここで，濃度の代わりに導入された実効濃度 a_1, a_2 または a_2' を**活量**（activity）という．実在溶液の非理想性を，その原因の詳細には立ち入らず，すべてこの活量の中に組み入れたことになる．

　また，活量と実際の濃度との比を**活量係数**（activity coefficient）という．活量係数は，実在溶液が理想希薄溶液からどの程度ずれているかの目安である．a_1, a_2 と a_2' では，置き換えた濃度の種類が異なるため，活量係数の定義も異なり

$$\gamma_i = \frac{a_i}{x_i} \quad (i=1, 2), \quad \gamma_2' = \frac{a_2'}{b_2/b^{\ominus}} \tag{4.32}$$

である．無限希釈（理想希薄溶液）では，式（4.29）～（4.31）は，活量で濃度を置き換える前の式と一致しなければならないから，活量係数には次の性質がある．

$$溶媒： x_1 \to 1 \ (x_2 \to 0) \ のとき \ \gamma_1 \to 1 \ (a_1 \to x_1) \tag{4.33}$$

$$溶質： x_2 \to 0 \ (x_1 \to 1) \ のとき \ \gamma_2 \to 1 \ (a_2 \to x_2) \tag{4.34}$$

$$b_2 \to 0 \ (x_2 \to 0, x_1 \to 1) \ のとき \ \gamma_2' \to 1 (a_2' \to b_2/b^{\ominus}) \tag{4.35}$$

　活量や活量係数の値は，系によっても変わるし，系が同じでも温度によって変化するので，個々の場合について実験的に決定する必要がある．例として，蒸気圧から溶媒の活量を求める方法を説明しておく．溶液中の溶媒の化学ポテンシャルは式（4.29）で表され，蒸気中の溶媒の化学ポテンシャルは式（4.9）より

$$\mu_1^{(g)} = \mu_i^{\ominus(g)} + RT \ln \frac{p_1}{p^{\ominus}} = \mu_i^{\ominus(g)} + RT \ln \frac{p_1^*}{p^{\ominus}} + RT \ln \frac{p_1}{p_1^*} \tag{4.36}$$

であり，平衡において両者は等しいので，$\mu_1^{*(l)}$ の定義式（4.12）を使うと，ラウールの法則に対応する式が得られる．

$$a_1 = \frac{p_1}{p_1^*} \tag{4.37}$$

したがって，溶液と平衡にある溶媒蒸気の分圧を測定し，純溶媒の蒸気圧で割れば，その条件での溶媒の活量が求められる．その他に，電池の起電力測定からも活量は求められる（3.10節参照）．

4.3 相律と状態図

4.3.1 相　律

純粋な気体，気体混合物，純粋な液体，溶液，純粋な固体，固溶体などのように，内部のどの部分を見ても物理的性質および化学的性質が均一である（示強性変数が不連続に変化する部分がない）系を均一系（homogeneous system）という．一方，前節で扱った溶液と蒸気が平衡にある系のように，系内に物理的性質および化学的性質が均一でない部分がある（示強性変数が不連続に変化する部分がある）系を不均一系（heterogeneous system）という．不均一系には境界面が存在し，この境界面によって他の部分と区別された，物理的性質および化学的性質が均一な部分を**相**（phase）という．当然，均一系は1相からなり，不均一系は複数の相からなる．

前節で扱った不均一系では液相（溶液）と気相（蒸気）が共存しており，2つの相の間で平衡が成立している．このように複数の相の間での平衡を**相平衡**（phase equilibrium）という．相平衡に関する最も一般的な法則は，ギブズによって導かれた相律（phase rule）であり，まずこれについて説明する．

いま，C 個の成分からなる閉じた系を考え，等温定圧において P 個の相が共存して平衡状態にあるものとする（図4.6）．各相の状態は温度，圧力，組成によって決まる．組成を各成分のモル分率で表すと，すべての成分のモル分

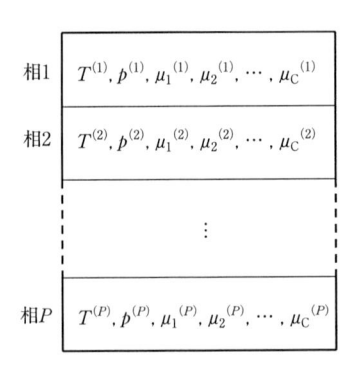

相1	$T^{(1)}, p^{(1)}, \mu_1^{(1)}, \mu_2^{(1)}, \cdots, \mu_C^{(1)}$
相2	$T^{(2)}, p^{(2)}, \mu_1^{(2)}, \mu_2^{(2)}, \cdots, \mu_C^{(2)}$
⋮	⋮
相P	$T^{(P)}, p^{(P)}, \mu_1^{(P)}, \mu_2^{(P)}, \cdots, \mu_C^{(P)}$

図4.6 P 個の相の共存下 C 個の成分が平衡にある閉じた系

率の和は1であるので，$(C-1)$個の成分のモル分率さえ指定すればすべての成分のモル分率を指定したことになる．したがって，各相の状態は温度，圧力を含めて$(C+1)$個の変数によって決まる．系全体としてはP個の相が存在するので，$P(C+1)$個の変数が系全体の状態を指定するのに必要である．

平衡状態では，各相間で熱や仕事の見掛け上のやり取りは起こらないので，各相の温度と圧力は互いに等しくなければならい．

$$\text{熱平衡の条件：} T^{(1)}=T^{(2)}=\cdots=T^{(P)} \tag{4.38}$$

$$\text{力学的平衡の条件：} p^{(1)}=p^{(2)}=\cdots=p^{(P)} \tag{4.39}$$

さらに，各相間で物質の見掛け上の移動も起こらないので，各成分の化学ポテンシャルもすべての相で等しくなければならない．

$$\begin{aligned}\text{物質移動の平衡条件：} & \mu_1^{(1)}=\mu_1^{(2)}=\cdots=\mu_1^{(P)} \\ & \mu_2^{(1)}=\mu_2^{(2)}=\cdots=\mu_2^{(P)} \\ & \quad\vdots \\ & \mu_C^{(1)}=\mu_C^{(2)}=\cdots=\mu_C^{(P)}\end{aligned} \tag{4.40}$$

等号の数は温度，圧力，各成分の化学ポテンシャルについてそれぞれ$(P-1)$個ずつあるから，等号の総数は$(P-1)(C+2)$個となる．したがって，系の状態を指定するのに必要な$P(C+1)$個の変数のうち，$(P-1)(C+2)$個は上の平衡条件により自由に選ぶことができない．ここで，系に含まれる相の数を変化させることなしに，自由に変化させることができる示強性変数の数を**自由度**（degree of freedom）と呼びFで表すと，

$$F=P(C+1)-(P-1)(C+2)=C-P+2 \tag{4.41}$$

が得られる．この関係を**ギブズの相律**という．

ここで，成分の数については注意が必要である．上式中のCは独立成分の数であり，独立に量を変えられる成分の数のことである．複数の成分間に化学反応が起こる場合には，それら成分間に化学平衡の条件式が加わるため，組成（モル分率）を独立に変化させうる成分の数はその分だけ減ることになる．たとえば，NO_2とN_2O_4の混合物のように平衡

$$2\,NO_2 \rightleftharpoons N_2O_4$$

が成立している系では，Cは2ではなく1であるし，H_2とN_2，NH_3の間に

$$3\,H_2+2\,N_2 \rightleftharpoons 2\,NH_3$$

の平衡が成立している系では，Cは3ではなく2である．

4.3.2 水の状態図

一成分系の例として，日常生活で馴染みの深い水を取り上げる．一成分系（$C=1$）であるから，式（4.41）は $F=3-P$ となる．図 4.7 が水の**状態図**（phase diagram）の概略図である．図中の S, L, G を付けた領域は，それぞれ固体，液体，気体状態で存在する領域である．これらの領域では，1 相（$P=1$）しか存在しないので，自由度 F は 2 となり，相を変化させることなく温度と圧力を自由に変えることができる．

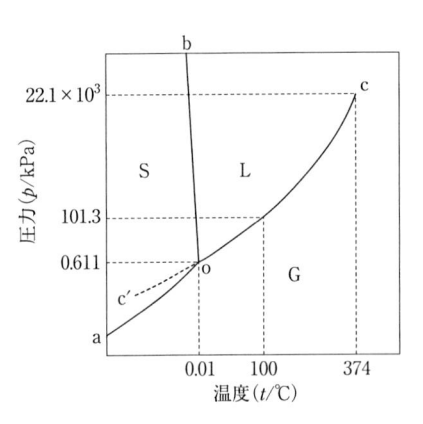

図 4.7 水の状態図（概略図）

曲線 ao 上では気相と固相が，曲線 bo 上では固相と液相が，曲線 co 上では気相と液相が共存している．これらの曲線上では 2 相（$P=2$）が共存するので，自由度は 1 となり，温度と圧力のどちらか一方を指定すればもう一方は自動的に決まる．曲線 co は液体の蒸気圧の温度変化を表しており，**蒸気圧曲線**（vapor pressure curve）あるいは**蒸発曲線**（evaporation curve）と呼ばれる．また，曲線 ao は固体の蒸気圧（昇華圧）の温度変化を示しており，**昇華曲線**（sublimation curve）と呼ばれる．曲線 bo は固相-液相平衡にある圧力の温度変化を表しているが，見方を変えると固体の融点の圧力変化を示しているので，**融解曲線**（fusion curve）と呼ばれる．融解曲線が右下がりになっているのが水の特徴であるが，たいていの物質は右上がりである（図 4.8 および 4.4 節を参照せよ）．

3 本の曲線が交わる点 o では気相，液相，固相の 3 相（$P=3$）が共存しており，自由度は 0 になるので，温度も圧力も決まり変えることはできない．一般にこのような点を**三重点**（triple point）といい，物質に固有の定数である．水の三重点は 273.16 K[*]，611 Pa である．

気相と液相が共存した状態を保ちながら温度を上げていくと，圧力は蒸発曲線 co に沿って増加していく．液相の密度は温度上昇とともに減少するのに対して，

---

[*] 水の三重点の温度は熱力学的温度を定義するのに使われており，厳密に 273.16 K である．

気相の密度は圧力増加とともに増加するので，点 c において両者の密度は等しくなる．この点を超えると気相と液相の区別はつかなくなり，界面が消えて 1 つの相になる．この点 c が**臨界点**である（1.5 節を参照せよ）．臨界点における温度，圧力，モル体積はそれぞれ**臨界温度**，**臨界圧力**，**臨界体積**と呼ばれ，物質に固有の定数である．水の臨界温度は 647 K，臨界圧力は 22.1 MPa である．

液体を冷却するとき，凝固点以下になっても固体が析出しないことがある．この現象を**過冷**（super cooling）という．図中の曲線 c'o は過冷された水の蒸発曲線であり，曲線 co を低温側に延長したものである．過冷された水は安定な相ではなく，準安定な相であり，容器を擦って刺激を与えたり，氷の欠片を投入したりすると，直ちに凝固が起こる．同じ温度の固相の方が安定な相であることは，固相の蒸気圧が過冷された水の蒸気圧よりも低いことからもわかる．

状態図で大気圧（101.3 kPa）のところに水平線を引くと，融解曲線と交わるところが大気圧下での水の融点 0 ℃であり，蒸発曲線と交わるところが大気圧下での水の沸点 100 ℃である．大気圧下で氷を加熱すると，温度は上昇し，0 ℃になると融解し始める．氷と水が共存している間温度は 0 ℃に保たれる（自由度は 1 であるが，圧力を一定にしているので温度は変えられない）．すべてが水になると，再び温度は上昇し，100 ℃になると沸騰し始める．水と水蒸気が共存している間温度は 100 ℃に保たれ，すべて水蒸気になると再び温度は上昇する．

超臨界流体

臨界温度・臨界圧力以上の物質の状態を超臨界流体（supercritical fluid）という．この超臨界流体は，液体の持つ他の物質を溶解する性質と気体の持つ隅々まで拡散していく性質を併せ持っており，また圧力を下げることにより気体として完全に除去できることから，抽出溶媒などとして利用されている．中でも，二酸化炭素は臨界温度 31.06 ℃，臨界圧力 7.38 MPa であり（図 4.8），容易に超臨界状態にすることができ，また安価であるので，もっともよく利用されている．実用的に利用されている例としては，コーヒーからのカフェインの除去がある．

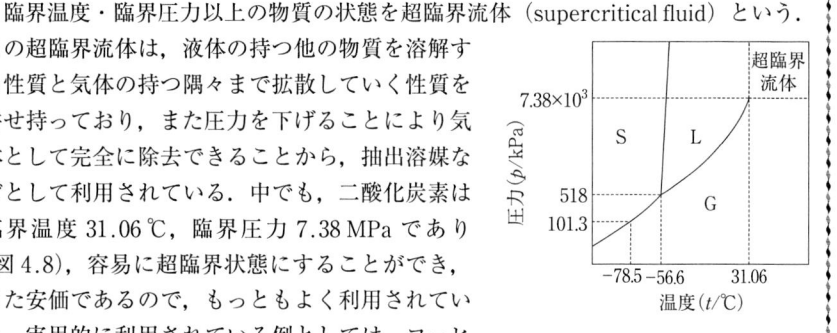

図 4.8 二酸化炭素の状態図（概略図）

4.4 クラペイロン-クラウジウスの式

4.4.1 クラペイロン-クラウジウスの式の導出

前節で扱った一成分系の状態図には蒸発曲線,融解曲線,昇華曲線のような2相が共存する状態を表す曲線が存在し,これらの曲線が状態図を特徴づけている.ここでは,これらの曲線を表す式を求める.

一成分系の2つの相 α, β が温度 T,圧力 p において平衡にあるものとする.平衡にあるから,2つの相の化学ポテンシャルは等しく,

$$\mu^{(\alpha)}(T, p) = \mu^{(\beta)}(T, p)$$

となるが,純物質の化学ポテンシャルはモルギブズエネルギーに等しいので,

$$G_m^{(\alpha)}(T, p) = G_m^{(\beta)}(T, p) \tag{4.42}$$

と書ける.温度を T から $T+dT$ に変化させたとき,圧力が p から $p+dp$ に変わったとすると,変化後も平衡は成り立っているので,

$$G_m^{(\alpha)}(T+dT, p+dp) = G_m^{(\beta)}(T+dT, p+dp) \tag{4.43}$$

である.ここで,変化後の各相のモルギブズエネルギーは式 (3.36) を用いると

$$G_m^{(i)}(T+dT, p+dp) = G_m^{(i)}(T, p) + \left(\frac{\partial G_m^{(i)}}{\partial T}\right)_p dT + \left(\frac{\partial G_m^{(i)}}{\partial p}\right)_T dp$$

$$= G_m^{(i)}(T, p) - S_m^{(i)} dT + V_m^{(i)} dp \quad (i = \alpha, \beta) \tag{4.44}$$

と展開することができるので,式 (4.44) を式 (4.43) に代入して式 (4.42) を引くと,

$$-S_m^{(\alpha)} dT + V_m^{(\alpha)} dp = -S_m^{(\beta)} dT + V_m^{(\beta)} dp$$

が得られ,整理すると

$$\frac{dp}{dT} = \frac{S_m^{(\beta)} - S_m^{(\alpha)}}{V_m^{(\beta)} - V_m^{(\alpha)}} \tag{4.45}$$

となる.右辺の分子の $S_m^{(\beta)} - S_m^{(\alpha)}$ は α 相から β 相への相転移に伴うモルエントロピー変化,すなわち転移エントロピー $\Delta_{trs} S$ であり,式 (3.14) より $\Delta_{trs} H/T$ に等しい.ここで,$\Delta_{trs} H$ は α 相から β 相への転移エンタルピーである.また,$V_m^{(\beta)} - V_m^{(\alpha)}$ はこの相転移に伴うモル体積変化,すなわち転移体積 $\Delta_{trs} V$ であるから,上式は

$$\frac{dp}{dT} = \frac{\Delta_{trs} H}{T \Delta_{trs} V} \tag{4.46}$$

となる．式 (4.46) は**クラペイロン-クラウジウス** (Clapeyron-Clausius) **の式**と呼ばれており，平衡圧と温度との関係を表す重要な式である．

4.4.2 液相-気相平衡への適用

液体とその蒸気との平衡の場合，クラペイロン-クラウジウスの式 (4.46) は

$$\frac{dp}{dT} = \frac{\Delta_{vap}H}{T\Delta_{vap}V} = \frac{\Delta_{vap}H}{T\left(V_m^{(g)} - V_m^{(l)}\right)} \tag{4.46}'$$

となる．$\Delta_{vap}H$ は蒸発エンタルピーである．$V_m^{(g)}$ と $V_m^{(l)}$ はそれぞれ蒸気と液体のモル体積であるが，一般に $V_m^{(g)} \gg V_m^{(l)}$ であるから $\Delta_{vap}V = V_m^{(g)}$ と近似できる．さらに，蒸気を理想気体と仮定すると，

$$\Delta_{vap}V = \frac{RT}{p}$$

となる．これを式 (4.46)′ に代入すると，

$$\frac{dp}{dT} = \frac{\Delta_{vap}H\, p}{RT^2}$$

となり，変形すると

$$\frac{d\ln p}{dT} = \frac{\Delta_{vap}H}{RT^2} \tag{4.47}$$

を得る．$\Delta_{vap}H$ が温度に依存しないとし，式 (4.47) を標準沸点[*1)] $T_b^\ominus$ から任意の温度 T まで積分すると，

$$\ln \frac{p}{p^\ominus} = -\frac{\Delta_{vap}H}{R}\left(\frac{1}{T} - \frac{1}{T_b^\ominus}\right) \tag{4.48}$$

が得られる．あるいは，使いやすいように通常沸点[*2)] T_b を基準にし，常用対数を用いると，

$$\log \frac{p}{101.3\,\text{kPa}} = -\frac{\Delta_{vap}H}{2.303R}\left(\frac{1}{T} - \frac{1}{T_b}\right) \tag{4.49}$$

となる．この式から，$\log p$ と $1/T$ とは直線関係にあることがわかる．図 4.9 にいくつかの液体の $\log p$ と $1/T$ の関係を示す．プロットは直線となり，その傾きから $\Delta_{vap}H$ が得られる．

多くの液体の場合，蒸発エンタルピーと標準沸点との比はほぼ一定で，

[*1)] 標準圧力 $p^\ominus = 1 \times 10^5$ Pa における沸点を**標準沸点**という．
[*2)] 大気圧 101.3 kPa (1 atm) における沸点を**通常沸点**という．

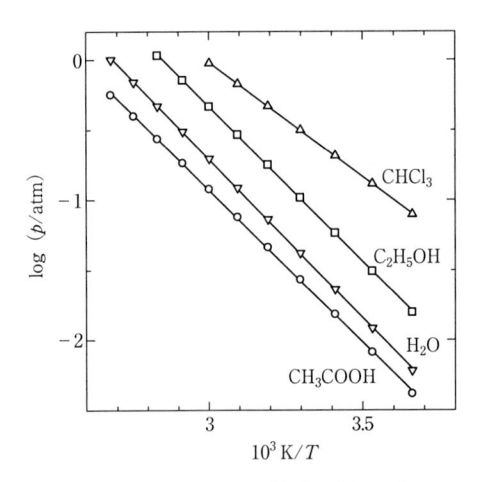

図 4.9 $\log p$ と $1/T$ の関係(参考文献 1 の表 9.55 と表 9.56 (2) のデータをもとに作図)

$$\frac{\Delta_{vap}H}{T_b^{\ominus}} = \Delta_{vap}S \approx 88 \text{ J K}^{-1} \text{ mol}^{-1} \tag{4.50}$$

であることが知られている.これを**トルートンの規則**(Trouton's rule)という.これは,標準圧力(1×10^5 Pa)下での蒸発エントロピー $\Delta_{vap}S$ が,液体の種類によらず,ほぼ一定であることを示している.表 4.1 に種々の液体の標準沸点と蒸発エンタルピー,蒸発エントロピーを示す.

表 4.1 より,ヘリウムや水素のように沸点が非常に低い物質と,水やエタノール,酢酸のように分子会合を起こす物質は,トルートンの規則からずれているのがわかる.前者では,沸点において蒸気が占める体積が小さく,蒸発エントロピ

表 4.1 標準沸点における蒸発エンタルピーと蒸発エントロピー[5]

液体	標準沸点 $T_b^{\ominus}$/K	$\Delta_{vap}H$/kJ mol^{-1}	$\Delta_{vap}S$/J K^{-1} mol^{-1}
ヘリウム He	4.19	0.84	20.0
水素 H$_2$	20.4	0.904	44.3
塩化水素 HCl	187.0	16.15	86.0
硫化水素 H$_2$S	213.2	18.80	88.2
塩素 Cl$_2$	238.8	20.41	85.5
四塩化炭素 CCl$_4$	349.4	30.00	85.9
エタノール C$_2$H$_5$OH	351.2	38.57	109.8
ベンゼン C$_6$H$_6$	352.8	30.76	87.2
水 H$_2$O	372.77	40.67	109.1
酢酸 CH$_3$COOH	390.7	24.39	62.4

ーが小さいためである．エタノールと水は液体中で分子間水素結合を形成しており，蒸発の際に水素結合を切るのに余分にエネルギーが必要となる．酢酸は，液体中だけでなく，蒸気中でも分子間水素結合による二量体を形成しているため，蒸発エントロピーが小さくなる．

4.4.3 固相-気相および固相-液相平衡への適用

固体とその蒸気が平衡にある場合，蒸気と固体のモル体積は $V_m^{(g)} \gg V_m^{(s)}$ であるから，前項と同様に $\Delta_{vap}V = V_m^{(g)}$ と近似できる．蒸気を理想気体とみなすと，式（4.47）と類似の式

$$\frac{d \ln p}{dT} = \frac{\Delta_{sub} H}{RT^2} \tag{4.51}$$

が得られる．ただし，$\Delta_{sub}H$ は昇華エンタルピーである．

固体と液体との平衡の場合，少し工夫が必要である．4.3.2項で状態図を説明した際，融解曲線を融点の圧力依存性を示すものと考えるとわかりやすいと述べた．ここでも，クラペイロン-クラウジウスの式をそのまま使うのではなく，分子分母を入れ替えて，温度の圧力依存性を表す式にして使用する．

$$\frac{dT}{dp} = \frac{T \Delta_{fus} V}{\Delta_{fus} H} = \frac{T \left(V_m^{(l)} - V_m^{(s)} \right)}{\Delta_{fus} H} \tag{4.52}$$

ここで，$\Delta_{fus}H$ は融解エンタルピーであり，正の値を持つ．一般に液体と固体のモル体積の差 $\Delta_{fus}V = V_m^{(l)} - V_m^{(s)}$ は小さいので，dT/dp は小さい．したがって，dp/dT は大きく，融解曲線の傾きは急である．通常，固体が融解するとモル体積は増加する（$\Delta_{fus}V > 0$）ので，$dT/dp > 0$ であり，融解曲線は右上がりになる（図4.8参照）．しかし，水，アンチモン，ビスマスなどの少数の物質は融解するとモル体積は減少する（$\Delta_{fus}V < 0$）ので，$dT/dp < 0$ であり，融解曲線は右下がりになる（図4.7参照）．

4.5 二成分系の液相-気相平衡

4.5.1 二成分系の状態図

4.3.2項で扱った一成分系の場合，相律の式は $F = 3 - P$ となり，自由度は最大で2であるから，2個の示強性変数（一般に温度と圧力）によって系の状態を

指定することができた．したがって，状態図は2次元の図で表すことができたのである（図4.7，図4.8参照）．

一方，二成分系（$C=2$）の場合には，相律の式は $F=4-P$ となり，自由度は最大で3であるから，系の状態を指定するには3個の示強性変数が必要になる．温度と圧力に，組成（どちらか一方の成分のモル分率）を加えなければならない．当然，状態図も2次元では表すことができないので温度，圧力，組成を座標軸にとった3次元の図になる．

しかし，3次元の状態図は扱い難いので，通常は3個の示強性変数のうち1つを固定し，残り2つの変数を座標軸にとった2次元の図で表すことが多い．一定の温度のところで3次元の状態図を切った断面が圧力-組成図である．同様に，一定の圧力のところで切ると温度-組成図が，一定の組成のところで切ると圧力-温度図が得られる．目的によって，使い分ける必要がある．

まず，この節では二成分系の液相-気相平衡について述べる．

4.5.2 圧力-組成図

一定温度における二成分系の液相-気相平衡を考える．いま，1つの変数を固定したため，自由度は1減り，相律の式は $F=4-P-1=3-P$ となる．したがって，液相のみまたは気相のみが存在するとき（$P=1$）には $F=2$ となり，組成と圧力の両方を自由に変化させることができる．液相と気相が共存しているとき（$P=2$）には $F=1$ となり，組成か圧力のどちらか一方しか自由に変化させることができない．一方を決めると，他方は自動的に決まってしまう．

図4.10に80℃におけるトルエン(1)-ベンゼン(2)系の圧力-組成図を示す．この系は4.2.1項で理想溶液の例として挙げたものである．図中の上の直線は，図4.1の全蒸気圧を示す直線と同じものであり，液相の組成と圧力の関係を示している．このような線を**液相線**という．この系の場合，ラウールの法則に従うため，液相中のベンゼンのモル分率を $x_2^{(l)}$ とすると，液相線は

$$p = x_2^{(l)}(p_2^* - p_1^*) + p_1^* \tag{4.53}$$

と表され（式(4.8)）直線になるが，一般には曲線である．一方，気相の組成はどうなっているかというと，蒸気を理想気体とみなすと，

$$x_2^{(g)} = \frac{p_2}{p} = \frac{x_2^{(l)} p_2^*}{x_2^{(l)}(p_2^* - p_1^*) + p_1^*} \tag{4.54}$$

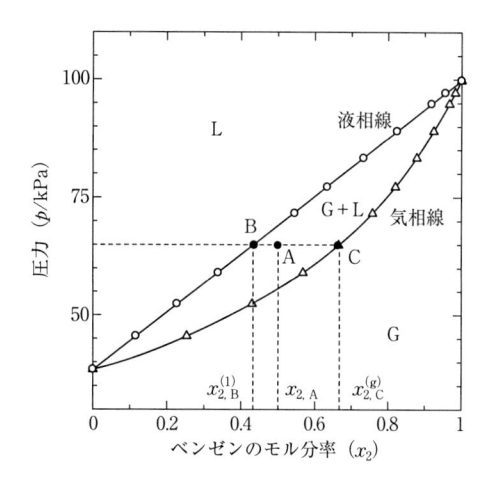

図 4.10 トルエン (1) - ベンゼン (2) 系の圧力-組成図（80 ℃）（参考文献 1 の表 9.58 のデータをもとに作図）

となり，気相中のベンゼンのモル分率 $x_2^{(g)}$ は液相とは違った値となる．この気相の組成と圧力の関係を示したのが図中の下の曲線で，**気相線**という．

液相線よりも上の領域 (L) では，全蒸気圧よりも高い圧力下であるため，蒸気は存在できず液相のみが存在する．逆に，気相線よりも下の領域 (G) では，圧力が全蒸気圧よりも低く，液体はすべて蒸発してしまうので気相しか存在しない．これらの領域では $P=1$ であるから $F=2$ となり，圧力と組成を自由に選ぶことができる．

液相線と気相線で囲まれた領域 (G+L) では，液相と気相が共存する．$P=2$ であるから $F=1$ であり，圧力と組成のいずれか一方しか自由に選ぶことができず，もう一方は自動的に決まることになる．たとえば，圧力を 65 kPa（図 4.10 中の水平な破線）に選ぶと，液相の組成は破線が液相線と交わる点 B の組成 $x_{2,\text{B}}^{(l)}$ に，気相の組成は破線が気相線と交わる点 C の組成 $x_{2,\text{C}}^{(g)}$ になる．逆に，液相の組成を $x_{2,\text{B}}^{(l)}$ に選ぶと，圧力は 65 kPa に，気相の組成は $x_{2,\text{C}}^{(g)}$ に自動的に決まる．なお，線 BC のように平衡にある 2 つの相の組成を結び付ける線は**連結線** (tie line) と呼ばれる．

次に，共存する液相と気相の物質量の比について考える．全体の組成が $x_{2,\text{A}}$ である系を圧力 65 kPa にした状態（領域 G+L 中の点 A）を取り上げる．上で

述べたように，この状態では組成 $x_{2,\mathrm{B}}^{(\mathrm{l})}$ の液相と組成 $x_{2,\mathrm{C}}^{(\mathrm{g})}$ の気相が共存している．各相に含まれる成分2（ベンゼン）の物質量の和は系全体に含まれる成分2の物質量と同じであるから，液相と気相の全物質量をそれぞれ $n^{(\mathrm{l})}$，$n^{(\mathrm{g})}$ とすると，

$$x_{2,\mathrm{B}}^{(\mathrm{l})} n^{(\mathrm{l})} + x_{2,\mathrm{C}}^{(\mathrm{g})} n^{(\mathrm{g})} = x_{2,\mathrm{A}}(n^{(\mathrm{l})} + n^{(\mathrm{g})})$$

となり，整理すると

$$\frac{n^{(\mathrm{l})}}{n^{(\mathrm{g})}} = \frac{x_{2,\mathrm{A}} - x_{2,\mathrm{C}}^{(\mathrm{g})}}{x_{2,\mathrm{B}}^{(\mathrm{l})} - x_{2,\mathrm{A}}} \quad \text{すなわち} \quad \frac{\text{液相の全物質量}}{\text{気相の全物質量}} = \frac{\mathrm{AC}}{\mathrm{AB}} \tag{4.55}$$

が得られる．つまり，共存する液相と気相の全物質量の比が，線分 AC と AB の長さの比に等しいことを示す．これを**てこの規則**（lever rule）という．

4.5.3 温度-組成図

次に，一定圧力における二成分系の液相-気相平衡を考える．この場合，状態図は温度-組成図で表される．この図は沸点図とも呼ばれる．図 4.11 に 101.3 kPa におけるトルエン(1)-ベンゼン(2) 系の温度-組成図を示す．下の曲線が液相線であり，液相の組成と沸点との関係を示している．上の曲線は気相線で，気相の組成と凝縮温度との関係を示している．液相線は**沸騰曲線**，気相線は**凝縮曲線**とも呼ばれる．同じ系の圧力-組成図（図4.10参照）では液相線が直線であっ

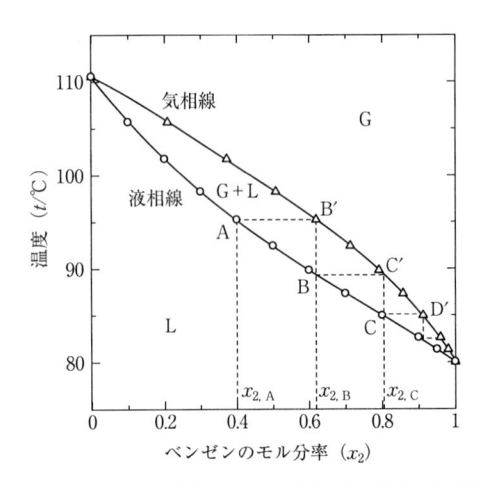

図 4.11 トルエン(1)-ベンゼン(2) 系の温度-組成図
(101.3 kPa)（参考文献1のp.591のデータをもとに作図）

たが，温度-組成図では液相線も気相線も直線にはならない．

気相線よりも上の領域（G）では，凝縮温度よりも高い温度となっており，気相のみが存在する．逆に，液相線よりも下の領域（L）では，沸点よりも低い温度となっており，液相しか存在しない．これらの領域では $P=1$ であるから $F=2$ となり，温度と組成を自由に選ぶことができる．液相線と気相線で囲まれた領域（G+L）では，液相と気相が共存する．共存する各相の組成の求め方は圧力-組成図のときと同じである．この領域では，$P=2$ であるから $F=1$ であり，温度と組成のいずれか一方しか自由に選ぶことができず，もう一方は自動的に決まる．

温度-組成図は**分留**（fractional distillation）の原理を示している．組成 $x_{2,A}$ の液体を加熱していくと，点 A で沸騰し，より成分 2 に富んだ組成 $x_{2,B}$ の蒸気を発生する（点 B'）．この蒸気を取り出し，凝縮させてから再び加熱すると，点 B で沸騰し，さらに成分 2 に富んだ組成 $x_{2,C}$ の蒸気を発生する（点 C'）．この操作を繰り返すことにより，揮発性の高い成分 2 を留出分として取り出すことができる．

4.2.1 項でラウールの法則から負のずれを示す例として挙げたアセトン(1)-クロロホルム(2) 系の圧力-組成図と温度-組成図を図 4.12 に示した．圧力-組成曲線には極小が現れ，それに対応して温度-組成図には極大が現れている．極大に

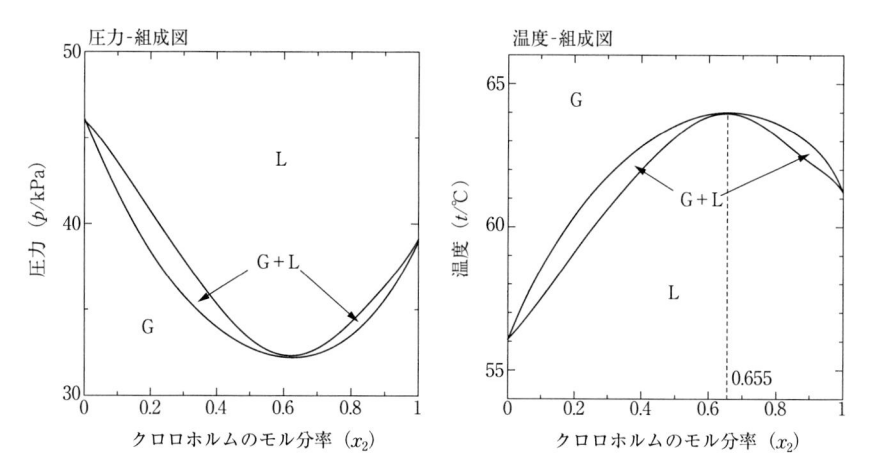

図 4.12 アセトン(1)-クロロホルム(2) 系の圧力-組成図（35℃）と温度-組成図（101.3 kPa）（参考文献 2 の fig. 9-3(b) と fig. 9-16(b) よりデータを読み取り作図）

おいては，共存する液相と気相の組成は一致する．したがって，この組成を持つ混合溶液は一定の温度で沸騰し，蒸留しても組成は変化しない．このような溶液を**共沸混合物**（azeotropic mixture），極大における沸点を**共沸点**（azeotropic point）という．共沸混合物は，一定圧力では一定の温度と組成で蒸留されるため純物質のように見えるが，圧力を変えると沸点ばかりか組成も変化することから純物質でないことがわかる．

4.6 二成分系の液相-液相平衡

ここでは，一定圧力における二成分系の液相-液相平衡を考える．

2種類の液体の混合は，相互の溶解性に関して3つに分類できる．1つは，無制限に溶解し合う混合で，この章でこれまで採り上げた混合溶液系はすべてこのタイプに属する．この場合，2つの液体の**相互溶解度**（mutual solubility）は無限大で，いかなる割合で混合しても均一な1つの液相となる．逆に，相互溶解度が非常に小さく，まったく溶解し合わないものもある．水と水銀の混合がこのタイプに属する．最後の1つは，両者の中間で，部分的に溶解し合う混合である．液相-液相平衡が起こるのはこのタイプの混合である．

液相-液相平衡の例として，図4.13に水(1)-フェノール(2)系の101.3 kPaでの温度-組成図（相互溶解度曲線ともいう）を示す．ただし，組成はフェノールの質量分率[*] s_2 で表してある．曲線の上の領域（L）が1相（系全体が均一な溶液）の領域である．この領域では $P=1$ であるから $F=2$ となり，温度と組成を自由に選ぶことができる．曲線の下の領域（L_1+L_2）では2つの液相が共存する．この領域では，$P=2$ であるから $F=1$ であり，温度と組成のいずれか一方しか自由に選ぶことはできず，もう一方は自動的に決まる．たとえば点Aに対応する組成の系を50℃に保つと2相に分離し，組成 $s_2^{(L_1)}$ の液相 L_1（点B）と組成 $s_2^{(L_2)}$ の液相 L_2（点C）が生じる．温度を上げていくと，共存する2つの液相の組成はしだいに近づいていき，66.4℃（点M）で一致する．この温度を**上部臨界溶液温度**（upper critical solution temperature：UCST）という．この温度以上では，水とフェノールは任意の割合で溶解し合い，均一な溶液となる．

別の例として，図4.14に水(1)-トリエチルアミン(2)系の101.3 kPaにおけ

---
[*] 各成分の質量を系全体の質量で割ったもの．$s_2 = m_2/(m_1+m_2)$．

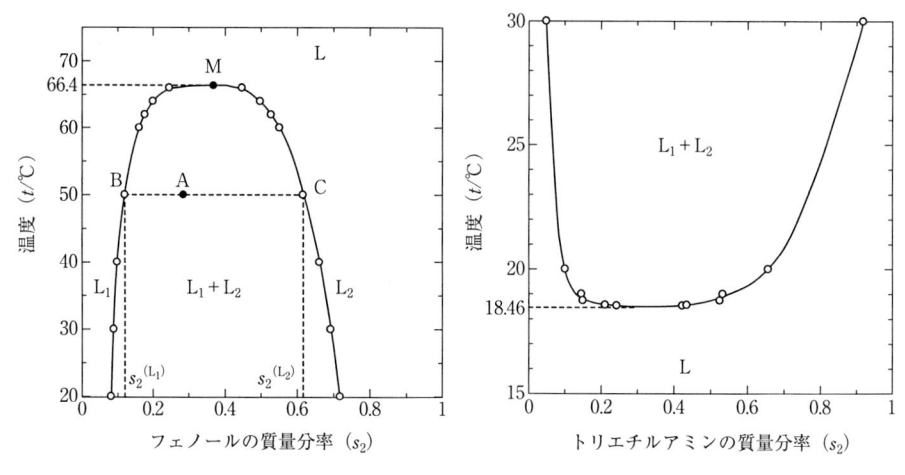

図 4.13 水(1)-フェノール(2) 系の温度-組成図 (101.3 kPa)（参考文献 1 の表 9.44 のデータをもとに作図）

図 4.14 水(1)-トリエチルアミン(2) 系の温度-組成図 (101.3 kPa)（参考文献 1 の表 9.44 のデータをもとに作図）

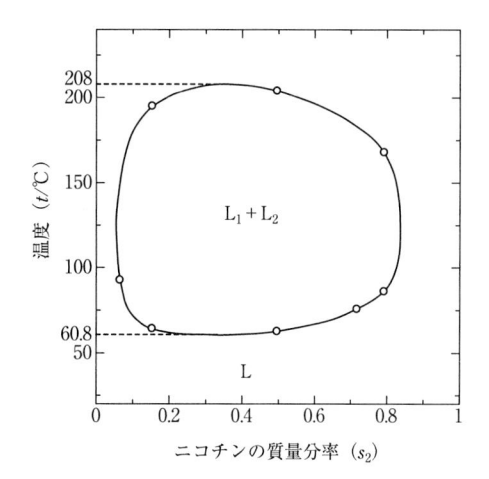

図 4.15 水(1)-ニコチン(2) 系の温度-組成図 (101.3 kPa)（参考文献 1 の表 9.44 のデータをもとに作図）

る温度-組成図を示す．この場合，温度を下げると，共存する 2 つの液相の組成が近づいていき，18.46℃ で一致する．この温度を**下部臨界溶液温度**（lower critical solution temperature：LCST）という．水(1)-ニコチン(2) 系のように UCST と LCST の両方を持つ系も存在する（図 4.15）．

4.7 二成分系の固相-液相平衡

最後に，一定圧力における二成分系の固相-液相平衡を考える．

4.7.1 2種類の固体が溶解し合わない系

図 4.16 に金(1)-ケイ素(2) 系の温度-組成図を示す．金とケイ素は固相では溶解し合わないため，温度-組成図は液相 (L)，固体の金＋液相 (S_1+L)，固体のケイ素＋液相 (S_2+L)，固体の金＋固体のケイ素 (S_1+S_2) の4つの領域からなる．図中の点 A にある溶液を冷却していくと，点 B で純粋なケイ素が析出し始める．そうすると，溶液中のケイ素の割合が減り，凝固点は曲線 BE に沿って下がっていく．点 E に到達すると，金の析出も始まり，金とケイ素の微結晶が混ざり合った固体が生じる．系全体が固体になるまで温度は一定である．この温度を**共融点**（eutectic point）といい，この時析出する固体混合物を**共融混合物**（eutectic mixture）あるいは**共晶**（eutectic crystal）と呼ぶ．共融点では，圧力一定のもとで2つの固相と1つの液相が共存しているので，自由度は $F=3-P=3-3=0$ となり，温度も組成も特定の値に決まる．

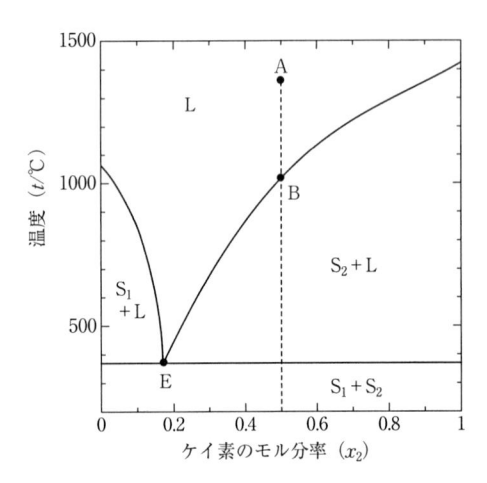

図 4.16 金(1)-ケイ素(2) 系の温度-組成図（参考文献 2 の fig. 11-6 よりデータを読み取り作図）

4.7.2　2種類の固体が完全に溶解し合う系

図 4.17 はニッケル(1)-銅(2) 系の温度-組成図である．この系は，固相でも完全に溶解し合って**固溶体**（solid solution）を形成する．図の見方は，液相-気相平衡の図 4.11 と同じである．

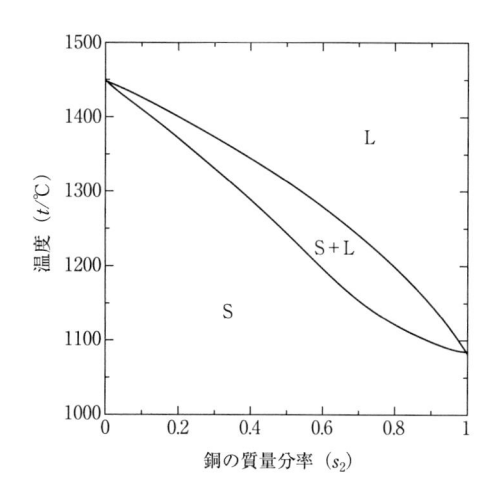

図 4.17　ニッケル(1)-銅(2) 系の温度-組成図（101.3 kPa）
（参考文献 4 の図 6.7 よりデータを読み取り作図）

4.7.3　2種類の固体が部分的に溶解し合う系

図 4.18 は鉛(1)-ビスマス(2) 系の温度-組成図である．鉛とビスマスは任意の割合で溶解し合うことはできないが，鉛に少量のビスマスが溶けた固溶体（S_A）とビスマスに少量の鉛が溶けた固溶体（S_B）を形成することはできる．したがって，温度-組成図は液相（L），S_A，S_B，ビスマスで飽和した鉛（S_1）＋液相（S_1+L），鉛で飽和したビスマス（S_2）＋液相（S_2+L），S_1 と S_2 の共融混合物（S_1+S_2）の 6 つの領域からなる．点 E は S_1 と S_2 の共融点である．

4.7.4　化合物ができる系

図 4.19 にマグネシウム(1)-亜鉛(2) 系の温度-組成図を示す．マグネシウムと亜鉛は，モル比が 1：2 の化合物 $MgZn_2$ を形成する．したがって，温度-組成図は，亜鉛のモル分率が 2/3 のところで，Mg-$MgZn_2$ 系の温度-組成図と

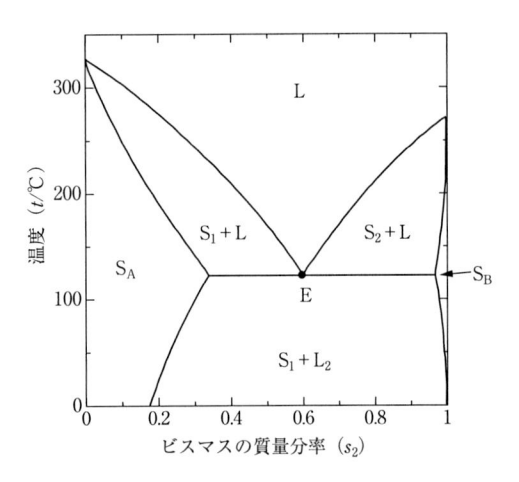

図 4.18 鉛(1)-ビスマス(2) 系の温度-組成図（参考文献2 の fig. 11-24 よりデータを読み取り作図）

$MgZn_2$-Zn 系の温度-組成図を張り合わせた形となる．これら2つの系は2種類の固体が溶解し合わない系であり，点 E_1 と E_2 はそれぞれの系の共融点である．

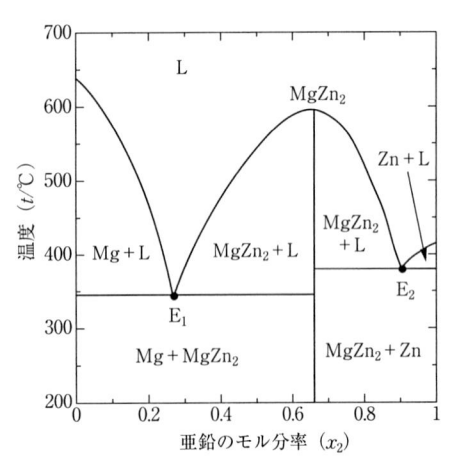

図 4.19 マグネシウム(1)-亜鉛(2) 系の温度-組成図（参考文献4の図 6.10 よりデータを読み取り作図）

演習問題

4.1 ショ糖（モル質量 342.3 g mol^{-1}）0.50 g を水 99.50 g に溶かした．この溶液の 20℃におけるショ糖のモル濃度，質量モル濃度，モル分率を求めよ．ただし，この溶液の 20℃における密度は 1.000 g cm^{-3} である．

4.2 ベンゼン（モル質量 78.1 g mol^{-1}）80.0 g にトルエン（モル質量 92.1 g mol^{-1}）20.0 g を混合した．この混合溶液の 20℃におけるトルエンの（容量）モル濃度とモル分率を求めよ．ただし，20℃におけるベンゼンとトルエンの密度はそれぞれ 0.8765 g cm^{-3} と 0.8669 g cm^{-3} であり，混合前の両液体の体積の和と混合溶液の体積は等しいものとする．

4.3 トルエンとベンゼンの 80℃での蒸気圧は，それぞれ 38.5 kPa と 99.8 kPa である．トルエン 90.0 g とベンゼン 10.0 g を混合した溶液の 80℃における全蒸気圧を求めよ．

4.4 窒素の水 1 kg に対する溶解度は 20℃，101 kPa で 18.8 mg である．ヘンリーの法則の定数を求めよ．

4.5 水 100 g にショ糖 1.71 g とブドウ糖（モル質量 180 g mol^{-1}）0.90 g を溶かした．沸点上昇はいくらか．ただし，水の沸点上昇定数は 0.513 K kg mol^{-1} である．

4.6 モル分率 0.18350 のベンゼンを含むシクロヘキサン溶液がある．40℃で溶液と平衡にある蒸気中のシクロヘキサンの分圧は 20.434 kPa であった．溶液中のシクロヘキサンの活量と活量係数を求めよ．ただし，40℃における純粋はシクロヘキサンの蒸気圧は 24.645 kPa である．

4.7 水の状態図の概略図を描き，自由度が 2，1，0 の部分を示せ．

4.8 水の標準沸点（372.77 K）での蒸発エンタルピーは 40.67 kJ mol^{-1} である．95℃での蒸気圧を求めよ．

4.9 ベンゼンとトルエンの等モル混合物を 101.3 kPa 下で 95℃に保ったところ，ベンゼンのモル分率 0.383 の液相と 0.604 の気相に分離した．液相と気相の全物質量の比を求めよ．

4.10 液相-気相平衡の温度-組成図を用いて，分留の原理を説明せよ．

5

統 計 熱 力 学

 熱力学では，物質を巨視的にとらえているため，原子や分子などの微小な粒子から構成されていることを少なくとも基本的には考えていない．これに対し統計熱力学では，物質を構成する原子や分子のミクロな挙動の統計的平均が，物質のマクロな性質であるという考え方に基づいている．すなわち，統計熱力学の目的は，物質を構成する個々の原子や分子に関する情報，たとえば結合距離，分子の振動や回転，対称性などの1つ1つの原子や分子の性質から分子集団である物質の熱力学的性質を考察することである．統計熱力学は1つ1つの原子や分子の性質が関係するので，量子力学的解釈が必要になる．

 一般に統計熱力学が最も容易に適用される系は，粒子間の相互作用が小さい気体，あるいは構成分子に関する構造のモデル化が比較的容易な結晶である．

5.1 確率について

 熱力学では，系が孤立していれば（エネルギー E や体積 V 一定），最終的にエントロピーが最大の状態になる．また，われわれの日々の経験から「自発的変化は可能性が少ない状態から可能性がより大きい（確率（probability）が大きい）状態へ進行する」ことを知っている．したがって，「エントロピー」と「確率」との間には関係がある．そこで，これから確率について考え，起こりうる多くの状態のうち，どれが最も起こりやすいかを決める方法について述べる．その後，最も起こりやすい状態の情報から，エネルギー E（内部エネルギー U）やエントロピー S，そして他のいろいろな熱力学的状態量を求めてみよう．

 確率論では，さいころを投げるというような，試行の結果起こることがらのことを事象と呼ぶが，まずは事象と，それが起こる方法の数との関係，すなわち確

率の「和の法則」と「積の法則」から説明する．

「和の法則」：Aの事象とBの事象が同時に起こらない（排反事象）とき，Aがn_A通り，Bがn_B通り起こるとすれば，AとBのいずれかが起こる場合の数は，n_A+n_B通りである．

「積の法則」：Aの事象がn_A通り，Bの事象がn_B通りあるとき，AとBの事象が同時に起こる場合の数は$n_A \times n_B$通りである．

5.2　微視的状態の数

1つの系のある状態を作りだす方法の数を「微視的状態（microstate）」または「重率」の数という．ある状態を作る方法の数がその状態の起こる確率に関係する．たとえば，2枚のコインを投げて1つが表で，もう1つが裏になる確率は，2つとも表，あるいは裏になる確率の2倍である．すなわち，2つとも表，あるいは2つとも裏になる事象の微視的状態の数はそれぞれ1であり，1つが表で，もう1つが裏である事象の微視的状態の数は2となる．それぞれの微視的状態の出現確率はすべて等しいので，微視的状態の数が多い事象が出現する可能性が大きい．

具体的な例として，3個の区別できる分子を等間隔のエネルギー準位に分布させてみよう．ただし，その全エネルギーは3エネルギー単位で一定とする．

この例の場合，図5.1(a)に示すように，3つの異なった事象，すなわち，Ⅰ，Ⅱ，Ⅲの分布（配置やマクロ状態ともいう）が可能である．しかしそれぞれの分布を与えるやり方の数，すなわち，微視的状態の数は図5.1(b)に示すように異なっている．この系の場合，分布Ⅰの微視的状態の数$W_Ⅰ$は3，分布Ⅱの$W_Ⅱ$は6，分布Ⅲの$W_Ⅲ$は1である．分布Ⅱが出現する確率が最も高い．

粒子の数が少ないときはそれぞれの分布の微視的状態の数Wを簡単に数えることができる．しかし，粒子数が増すとWはきわめて大きくなり，数えることが非常に困難になる．そこで，もっと簡単にそれぞれの分布の微視的状態の数Wを与える式を式（5.1）に示す．

$$W = \frac{N!}{n_0! \, n_1! \, n_2! \cdots n_i!} \tag{5.1}$$

この式は全部でN個の区別できる物体を箱0，1，2，$\cdots$，iに入れるとき，分配

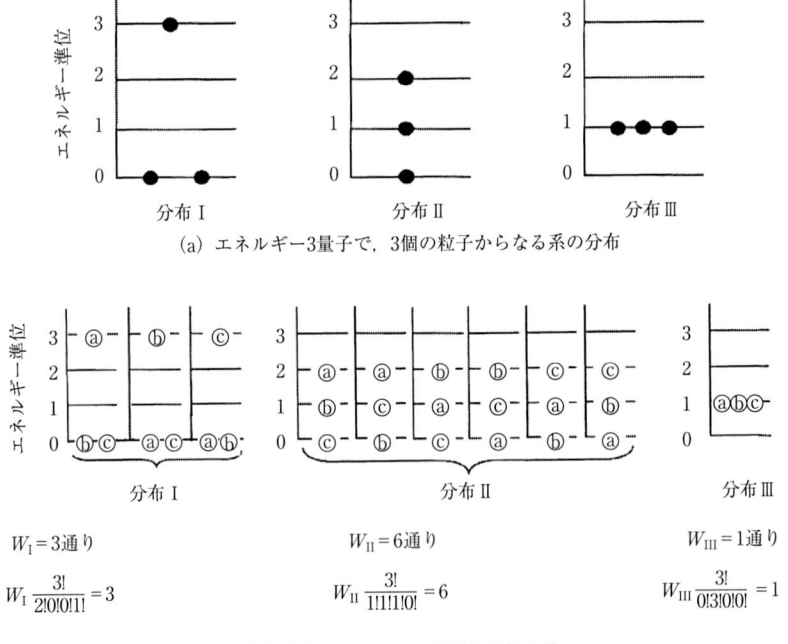

(a) エネルギー3量子で，3個の粒子からなる系の分布

(b) 分布Ⅰ，Ⅱ，Ⅲの微視的状態の数

$W_{\mathrm{I}} = 3$通り $W_{\mathrm{II}} = 6$通り $W_{\mathrm{III}} = 1$通り

$W_{\mathrm{I}} \dfrac{3!}{2!0!0!1!} = 3$ $W_{\mathrm{II}} \dfrac{3!}{1!1!1!0!} = 6$ $W_{\mathrm{III}} \dfrac{3!}{0!3!0!0!} = 1$

図5.1 等間隔のエネルギー準位の分布

する方法の数 W を与える「数学の組み合わせ」の式と同じである．ただし，「1つの箱内（エネルギー準位）では粒子は区別できない」としている．

たとえば，分布Ⅰの場合，全粒子数は $N=3$ であり，0番目の準位に存在する粒子数は $n_0=2$，1番目の準位には $n_1=0$，2番目には $n_2=0$，そして3番目には $n_3=1$ なので，これらを式 (5.1) に代入すると，

$$W_{\mathrm{I}} = \frac{3!}{2!0!0!1!} = \frac{3 \cdot 2 \cdot 1}{2 \cdot 1 \cdot 1 \cdot 1} = 3$$

になる．ここで，$0!=1$，そして $1!=1$ である．同様に分布Ⅱの場合は $N=3$，$n_0=1$，$n_1=1$，$n_2=1$，$n_3=0$ なので

$$W_{\mathrm{II}} = \frac{3!}{1!1!1!0!} = \frac{3 \cdot 2 \cdot 1}{1 \cdot 1 \cdot 1 \cdot 1} = 6$$

になる．分布Ⅲも $N=3$，$n_0=0$，$n_1=3$，$n_2=0$，$n_3=0$ なので

$$W_{\mathrm{III}} = \frac{3!}{0!3!0!0!} = 1$$

となり，図 5.1(b) で求めたとおりのそれぞれの分布の微視的状態の数が得られる．

次に，粒子数が増えたとき，どの分布が最も出現確率が高くなるか，すなわち，最も多くの微視的状態の数を持つのかを調べてみよう．

NHK が，しばしば，「コンピュータにより無作為に選んだ 20 歳以上の 1600 人の方々によるアンケートで，内閣支持率は 60％とか，20％を切った．」と報じている．また，選挙速報で，開票率がわずか 1～2％の段階で，当選確実が出されることを不思議に思ったことはないであろうか？ そんな人数で国民全体の意思がわかるのであろうか？

ところが，これがわかるところが統計の面白味である．では，これから例題を使って，粒子の数が増えるにつれある特定の分布（事象）の微視的状態 W の数がきわめて大きくなる（すなわち，その分布だけが出現しやすくなる）ことを確かめてみよう．

【例題 5.1】 全エネルギー 5 量子を区別できる 5 つの粒子に分布させるとき，すべての可能な分布を示せ．ただし，ここで，利用できるエネルギー準位は 0，1，2，3，4，5 量子までとする．どの分布が最大の W を与えるか？

解 結果を図 5.2 に示す．

分布（事象）としてⅠ～Ⅶの 7 つが考えられる．式 (5.1) を用いてそれぞれの分布の微視的状態の数 $W_\mathrm{I} \sim W_\mathrm{VII}$ を算出すると，$W_\mathrm{I}=5$，$W_\mathrm{II}=20$，$W_\mathrm{III}=20$，

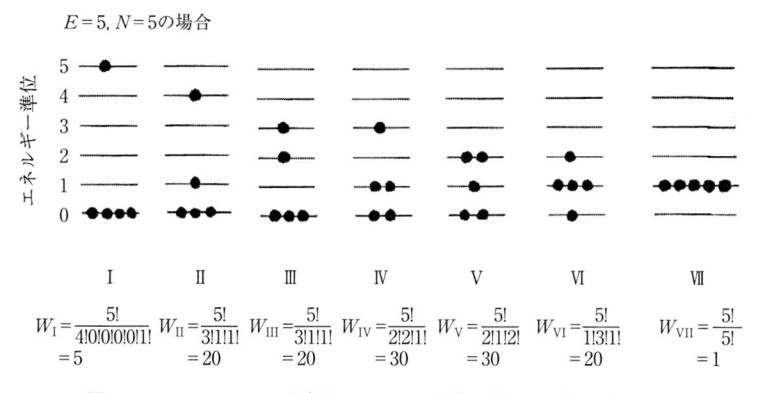

$E=5, N=5$ の場合

	Ⅰ	Ⅱ	Ⅲ	Ⅳ	Ⅴ	Ⅵ	Ⅶ
	$W_\mathrm{I}=\dfrac{5!}{4!0!0!0!0!1!}$	$W_\mathrm{II}=\dfrac{5!}{3!1!1!}$	$W_\mathrm{III}=\dfrac{5!}{3!1!1!}$	$W_\mathrm{IV}=\dfrac{5!}{2!2!1!}$	$W_\mathrm{V}=\dfrac{5!}{2!1!1!2!}$	$W_\mathrm{VI}=\dfrac{5!}{1!3!1!}$	$W_\mathrm{VII}=\dfrac{5!}{5!}$
	$=5$	$=20$	$=20$	$=30$	$=30$	$=20$	$=1$

図 5.2 Ⅰ～Ⅶの 7 つの分布とそれぞれの分布の微視的状態の数 W

$W_{\mathrm{IV}}=30$, $W_{\mathrm{V}}=30$, $W_{\mathrm{VI}}=20$, $W_{\mathrm{VII}}=1$ が得られる．全分布の微視的状態の数の合計，すなわち，全微視的状態の数 W_{tot} はそれぞれの分布を構成する微視的状態の数の和で，

$$W_{\mathrm{tot}} = W_{\mathrm{I}} + W_{\mathrm{II}} + W_{\mathrm{III}} + W_{\mathrm{IV}} + W_{\mathrm{V}} + W_{\mathrm{VI}} + W_{\mathrm{VII}}$$
$$= 5 + 20 + 20 + 30 + 30 + 20 + 1 = 126$$

である．

この場合は粒子数も少なく，W_{tot} は大きくないが，粒子数が増すと天文学的に増大してくる．したがって，単純に和を求めることが非常に困難になるので，W_{tot} を式 (5.2) で表すことにする．

$$W_{\mathrm{tot}} = \frac{(N+E-1)!}{(N-1)!\,E!} \tag{5.2}$$

ここで，N は全粒子数，E は全エネルギー単位である．

この式を用いて例題 5.1 の W_{tot} を求めてみる．この場合，$N=5$ と $E=5$ なので

$$W_{\mathrm{tot}} = \frac{(5+5-1)!}{(5-1)!\,5!} = \frac{9!}{4!\,5!} = 126$$

となり，先ほど和で求めたすべての分布の微視的状態の数の合計と同じ値になる．

この W_{tot} を使って各分布の出現確率を計算すると，分布Ⅰは $W_{\mathrm{I}}/W_{\mathrm{tot}}=5/126=0.0397$，分布Ⅱは $W_{\mathrm{II}}/W_{\mathrm{tot}}=20/126=0.159$，以下，分布Ⅲは $W_{\mathrm{III}}/W_{\mathrm{tot}}=0.159$，分布Ⅳは $W_{\mathrm{IV}}/W_{\mathrm{tot}}=0.238$，分布Ⅴは $W_{\mathrm{V}}/W_{\mathrm{tot}}=0.238$，分布Ⅵは $W_{\mathrm{VI}}/W_{\mathrm{tot}}=0.159$，分布Ⅶは $W_{\mathrm{VII}}/W_{\mathrm{tot}}=0.00794$ となる．したがって，出現する確率が高い分布は分布Ⅳと分布Ⅴである．

【例題 5.2】 例題 5.1 と同様に，全エネルギー E は 5 量子で，粒子数 N を 50 にした場合を計算せよ．

解 解答を図 5.3 に示す．

分布として例題 5.1 と同様にⅠ〜Ⅶの 7 つが考えられる．式 (5.1) を用いてそれぞれの分布中の微視的状態の数 $W_{\mathrm{I}} \sim W_{\mathrm{VII}}$ を算出すると，$W_{\mathrm{I}}=50$，$W_{\mathrm{II}}=2450$，$W_{\mathrm{III}}=2450$，$W_{\mathrm{IV}}=58800$，$W_{\mathrm{V}}=58800$，$W_{\mathrm{VI}}=921200$，$W_{\mathrm{VII}}=2118760$ が得られる．全微視的状態の数 W_{tot} はそれぞれの分布を構成する微視的状態の数の和なので，

5.2 微視的状態の数

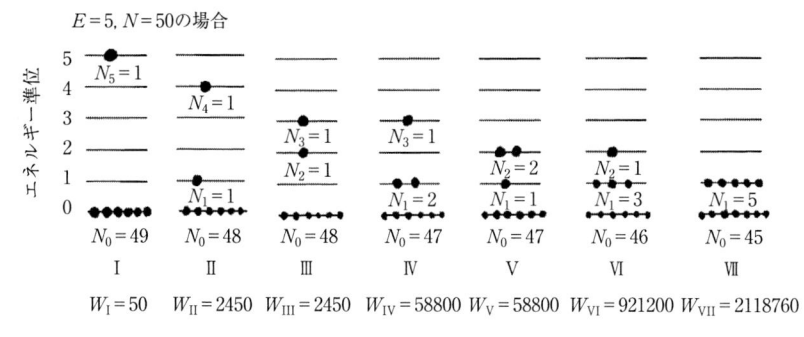

$E=5, N=50$ の場合

	I	II	III	IV	V	VI	VII
	$N_5=1$	$N_4=1$	$N_3=1$, $N_2=1$	$N_3=1$, $N_1=2$	$N_2=2$, $N_1=1$	$N_2=1$, $N_1=3$	$N_1=5$
N_0	49	48	48	47	47	46	45
W	50	2450	2450	58800	58800	921200	2118760

図 5.3 I〜VII の 7 つの分布とそれぞれの分布の微視的状態の数 W

$$W_{\text{tot}} = W_{\text{I}} + W_{\text{II}} + W_{\text{III}} + W_{\text{IV}} + W_{\text{V}} + W_{\text{VI}} + W_{\text{VII}} = 3162510$$

である．一方，式 (5.2) を用いて W_{tot} を求めると，同様に

$$W_{\text{tot}} = \frac{(50+5-1)!}{(50-1)!\,5!} = 3162510$$

が得られる．

それぞれの分布の出現確率を計算すると，分布 I は $W_{\text{I}}/W_{\text{tot}} = 0.000023$，分布 II は $W_{\text{II}}/W_{\text{tot}} = 0.000775$，分布 III は $W_{\text{III}}/W_{\text{tot}} = 0.000775$，分布 IV は $W_{\text{IV}}/W_{\text{tot}} = 0.0186$，分布 V は $W_{\text{V}}/W_{\text{tot}} = 0.0186$，分布 VI は $W_{\text{VI}}/W_{\text{tot}} = 0.2913$，分布 VII は $W_{\text{VII}}/W_{\text{tot}} = 0.66996$ となる．したがって，出現確率が高い分布は分布 VII である．

次の例題 5.3 で粒子数をさらに増した場合を解いてみよう．この問題を解くことにより，粒子数が増すとある一つの分布の微視的状態の数が急激に増し，事実上，その分布しかとりえなくなることが明らかになる．

【例題 5.3】 全エネルギー $E=5$ 量子を区別できる 1000 個と 1000000 個の粒子にそれぞれ分布させるとき，すべての可能な分布を示せ．ただし，利用できるエネルギー準位は 0, 1, 2, 3, 4, 5 量子までとする．どの分布が最大の W を与えるか？

解 解答を図 5.4 に示す．1000 個と 100000 個，いずれの場合も最大の W を与える分布は VII である．

この解答と例題 5.1, 例題 5.2 の結果を使って，全エネルギー E が 5 量子で，

$E = 5, N = 1000$ の場合

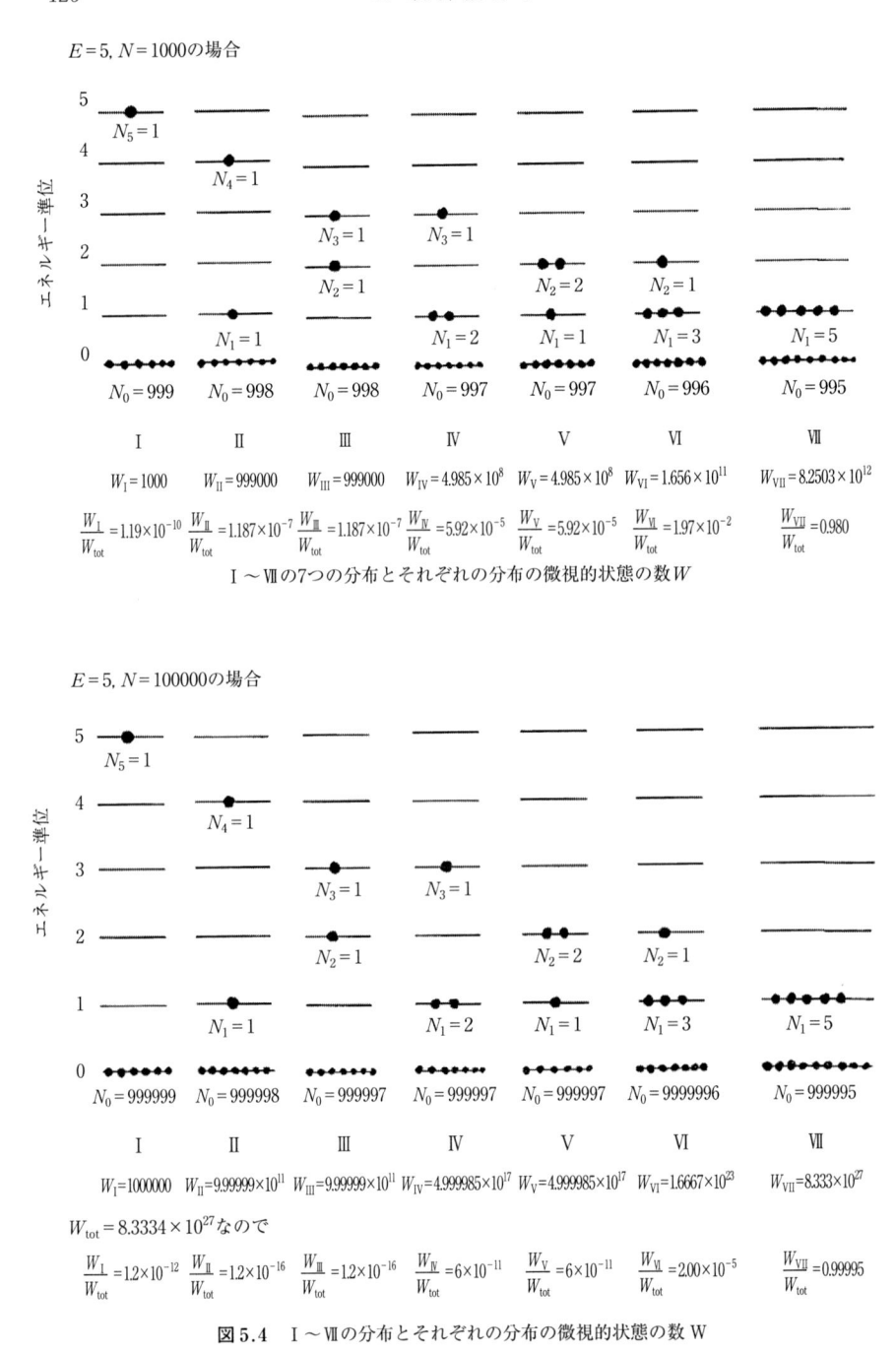

	I	II	III	IV	V	VI	VII
W	$W_{\rm I}=1000$	$W_{\rm II}=999000$	$W_{\rm III}=999000$	$W_{\rm IV}=4.985\times10^8$	$W_{\rm V}=4.985\times10^8$	$W_{\rm VI}=1.656\times10^{11}$	$W_{\rm VII}=8.2503\times10^{12}$
$W/W_{\rm tot}$	$\dfrac{W_{\rm I}}{W_{\rm tot}}=1.19\times10^{-10}$	$\dfrac{W_{\rm II}}{W_{\rm tot}}=1.187\times10^{-7}$	$\dfrac{W_{\rm III}}{W_{\rm tot}}=1.187\times10^{-7}$	$\dfrac{W_{\rm IV}}{W_{\rm tot}}=5.92\times10^{-5}$	$\dfrac{W_{\rm V}}{W_{\rm tot}}=5.92\times10^{-5}$	$\dfrac{W_{\rm VI}}{W_{\rm tot}}=1.97\times10^{-2}$	$\dfrac{W_{\rm VII}}{W_{\rm tot}}=0.980$

I〜VIIの7つの分布とそれぞれの分布の微視的状態の数 W

$E = 5, N = 100000$ の場合

$W_{\rm I}=1000000$　$W_{\rm II}=9.99999\times10^{11}$　$W_{\rm III}=9.99999\times10^{11}$　$W_{\rm IV}=4.999985\times10^{17}$　$W_{\rm V}=4.999985\times10^{17}$　$W_{\rm VI}=1.6667\times10^{23}$　$W_{\rm VII}=8.333\times10^{27}$

$W_{\rm tot} = 8.3334 \times 10^{27}$ なので

$\dfrac{W_{\rm I}}{W_{\rm tot}}=1.2\times10^{-12}$　$\dfrac{W_{\rm II}}{W_{\rm tot}}=1.2\times10^{-16}$　$\dfrac{W_{\rm III}}{W_{\rm tot}}=1.2\times10^{-16}$　$\dfrac{W_{\rm IV}}{W_{\rm tot}}=6\times10^{-11}$　$\dfrac{W_{\rm V}}{W_{\rm tot}}=6\times10^{-11}$　$\dfrac{W_{\rm VI}}{W_{\rm tot}}=2.00\times10^{-5}$　$\dfrac{W_{\rm VII}}{W_{\rm tot}}=0.99995$

図 5.4　I〜VIIの分布とそれぞれの分布の微視的状態の数 W

粒子数 N が 5, 50, 1000, 1000000 個の場合の最大微視的状態の数を持つ分布（すなわち最も出現する分布）の微視的状態の数 $W_{最大}$ と，その分布の出現確率 $W_{最大}/W_{tot}$ を表 5.1 に示す．

表 5.1 $E=5$ の場合の粒子数 N と $W_{最大}$，および出現確率 $W_{最大}/W_{tot}$

N	W_{tot}	$W_{最大}$	$W_{最大}/W_{tot}$
5	126	30	0.238
50	3162510	2118760	0.6699
1000	8.41696×10^{12}	8.25029×10^{12}	0.980
1000000	8.3334×10^{27}	8.333×10^{27}	0.99995

粒子の数が多くなるにつれ，最も起こりうる分布（状態）の出現確率は急激に大きくなり，1000 個ですでに 98% の確率で分布Ⅶが現れる．NHK の世論調査で 2000 名足らずの調査からでも国民全員の意思として断定している理由がこれである．

われわれは 1 mol の物質（たとえば水 18 g）でも 6×10^{23} 個という途方もなく大きな N の値と膨大な数のエネルギー準位を扱っている．したがって，実際の系では最も可能な分布，すなわち，分配の仕方が最大の数を有する分布の W は W_{tot} に近く，確率は実際上 1 になる．したがって，W_{tot} を求めるには最も確率が高い分布の W を見つけるだけで十分である．

次に，いま求めた微視的状態の数 W からボルツマンのエントロピーの統計的定義 $S=k \ln W$（式 (3.19)）を導いてみよう．

5.3 エントロピーに関するボルツマンの関係式

熱や仕事，さらに粒子の出入りのない孤立した巨視的集合（マクロ状態）の平衡状態を，熱力学ではエントロピー S が極大の状態としている．一方，統計力学では，そのマクロ状態（配置あるいは分布）を構成する微視的状態（ミクロ状態）の数 W が最大になる状態としている．したがって，エントロピーの極大と微視的状態数 W 最大との間には何らかの関係があり，S は W の関数，すなわち，

$$S = f(W)$$

が成り立つと考える．

ここで，同じ物質からなる A と B の 2 つの別々の試料が，ある一定の温度・

圧力下で平衡状態にあると，

$$S_A = f(W_A) \text{ および } S_B = f(W_B)$$

となる．ここで，S_A, S_B, W_A, W_B はそれぞれ，系 A および系 B のエントロピーと微視的状態の数である．また，A と B 2 つの試料を，温度や圧力，およびその他の条件を変えないで，一緒にして 1 つの系を作った場合，この結合してできた系 AB のエントロピー S_{AB} についても

$$S_{AB} = f(W_{AB})$$

と書ける．ここで，W_{AB} は系 AB の微視的状態の数である．

エントロピーは加成性が成立する示量性状態量なので，系 AB のエントロピー S_{AB} は，系 A と系 B のエントロピーの和

$$S_{AB} = S_A + S_B$$

である．したがって，

$$f(W_{AB}) = f(W_A) + f(W_B)$$

となる．

また，系 AB の微視的状態の数 W_{AB} は W_A と W_B だけに関係する．すなわち系 AB の微視的状態は系 A の微視的状態と系 B の微視的状態とが組み合わされて作られる（積の法則）．

$$W_{AB} = W_A \cdot W_B$$

したがって，

$$f(W_A) + f(W_B) = f(W_A \cdot W_B)$$

となる．

W_A と W_B は独立変数なので，試料 B (W_B) を一定にしておいて，試料 A を任意に変えて W_A を変えることができ，また反対に，試料 A (W_A) を一定にしておいて，試料 B を任意に変えて W_B を変えることができる．すなわち，上の式の W_A を一定にしておいて，W_B をごくわずか変化させる．すなわち，W_B について微分（偏微分）することができる．

$$\frac{df(W_B)}{dW_B} = \left[\frac{df(W_A \cdot W_B)}{dW_B}\right]_{W_A} = \frac{df(W_A \cdot W_B)}{d(W_A \cdot W_B)} \cdot \left[\frac{d(W_A \cdot W_B)}{dW_B}\right]_{W_A} = \frac{df(W_A \cdot W_B)}{d(W_A \cdot W_B)} \cdot W_A$$

この式の両辺に W_B を掛けると，

$$W_B \cdot \frac{df(W_B)}{dW_B} = W_A \cdot W_B \frac{df(W_A \cdot W_B)}{d(W_A \cdot W_B)}$$

同様のやり方で，W_B を一定にしておき，W_A について微分すると次式が得られる．

$$W_A \cdot \frac{df(W_A)}{dW_A} = W_A \cdot W_B \frac{df(W_A \cdot W_B)}{d(W_A \cdot W_B)}$$

上の2つの式の右辺は等しいので

$$W_A \cdot \frac{df(W_A)}{dW_A} = W_B \cdot \frac{df(W_B)}{dW_B}$$

が得られる．

左辺は W_A のみの関数で，右辺は W_B のみの関数である．しかし，W_A と W_B は独立変数なので，この式の各辺が一定の場合だけ，この関係は成立する．そこで，一定値を k とおくと，AとBのいずれの系についても次式で表される．

$$W \frac{df(W)}{dW} = k$$

また，この式は微分の公式 $dx/x = d\ln x$ を使って次のように変形できる．

$$df(W) = k \frac{dW}{W} = k \, d\ln W$$

$S = f(W)$ なので，これを用いて上式を書きなおすと

$$dS = k \, d\ln W$$

が得られる．この式を積分し，積分定数を S_0 とおくと，

$$S = k \ln W + S_0$$

となる．

格子欠陥などのない純物質の完全結晶では，$T \to 0$ のとき，熱力学第三法則から $S \to 0$ である．また，3章でも述べたように，この場合結晶を構成している粒子はすべて基底状態にあるので，ただ1つだけの状態をとることになり，$W \to 1$ となる．したがって，積分定数は $S_0 = 0$ でなければならない．究極的に

$$S = k \ln W \tag{5.3}$$

が得られる．これが有名なボルツマンのエントロピーの式である．

先に式 (5.1) や式 (5.2) で $N!, n_0!, n_1!, \cdots$ などの階乗の表記が出てきたが，粒子の数が多くなると，これもまた大変な計算になり，電卓では計算不能になる．そこで，通常，計算には対数をとり，さらに近似計算のためにスターリング（Stirling）の近似式

$$\ln N! \approx N \ln N - N \tag{5.4}$$

が用いられ，この式は以下のように導かれる．

$$\ln N! = \ln 1 + \ln 2 + \ln 3 + \cdots + \ln N = \sum_{i=1}^{N} \ln N_i \approx \int_1^N \ln N \, dN = [N \ln N - N]_1^N$$
$$= N \ln N - N - (1 \ln 1 - 1) = N \ln N - N + 1$$

ここで，N が非常に大きければ，$-N+1 \approx -N$ とみなすことができ，スターリングの近似式 $\ln N! \approx N \ln N - N$ が得られる．式を導く途中で，$\sum_{i=1}^{N} \ln N_i$ を近似的に積分に置き換え，さらに部分積分の公式 $\int \ln x \, dx = x \ln x - x + C$ （積分定数）を用いている．

次に，このスターリングの近似式を用いてボルツマン分布則を導いてみよう．

5.4 ボルツマン分布則（ラグランジェ未定乗数法による導き方）

ボルツマン分布則は N 個の全く同等であるが区別できる粒子からなる孤立系が全エネルギー E を持っているとき，平衡状態，すなわち最も可能性の高い状態にある粒子に，このエネルギーがどのように割り振られるかについて示す法則である．ボルツマン分布則を求める手段であるラグランジェ（Lagrange）未定乗数法がよくわからなければ，この節は飛ばしてもかまわない．必要なことは「ボルツマン分布則とは何かということと，その応用」である．

ここで，ラグランジェ未定乗数法によりボルツマン分布則を導いてみよう．全粒子数 $N = \sum_i n_i$ が一定，また，全エネルギー $E = \sum_i n_i \varepsilon_i$ が一定のとき，N と E の微分はともにゼロになる．すなわち，

$$dN = \sum_i dn_i = 0 \tag{5.5}$$

と

$$dE = \sum_i \varepsilon_i \, dn_i = 0 \tag{5.6}$$

である．

W が最大になるような特別の分布（マクロ状態）の n_i の組み合わせ数を求めるには，次の式 (5.7)

$$W = \frac{N!}{n_0! \, n_1! \, n_2! \cdots} = \frac{N!}{\prod_i n_i!} \tag{5.7}$$

の W を最大にするよりも $\ln W$ を最大にした方が数値が小さく，計算がやりやすいので，式 (5.7) の両辺の対数をとり，その極大をとることにする．極大の

分布が最も出現の可能性が大きい，すなわち平衡状態を表し，極大では $\mathrm{d}\ln W=0$ である．したがって，次の式

$$\ln W = \ln N! - \sum_i \ln n_i! \tag{5.8}$$

を微分して0に等しいとおくと，

$$0 = \mathrm{d}\ln W = \mathrm{d}\left(\ln N! - \sum_i \ln n_i!\right) \tag{5.9}$$

となる．この式の中で，$\ln N!$ は一定なので，$\mathrm{d}\ln N!=0$ であり，さらにスターリングの近似式 $\ln n_i! = n_i \ln n_i - n_i$ を用いると，

$$0 = \mathrm{d}\ln W = -\mathrm{d}\sum_i \ln n_i! = -\mathrm{d}\sum_i (n_i \ln n_i - n_i) \tag{5.10}$$

となる．また式 (5.5) より全粒子数は変わらず，$\mathrm{d}\sum_i n_i = 0$ なので，式 (5.10) は

$$\sum_i n_i \,\mathrm{d}\ln n_i + \sum_i \ln n_i \,\mathrm{d}n_i = \sum_i \left(n_i \frac{\mathrm{d}n_i}{n_i} + \ln n_i \,\mathrm{d}n_i\right) = 0 \tag{5.11}$$

となる．また，式 (5.5) により $\sum_i \mathrm{d}n_i = 0$ なので

$$\sum_i \ln n_i \,\mathrm{d}n_i = 0 \tag{5.12}$$

となる．

式 (5.5) に定数 α，式 (5.6) に違う定数 β を掛け，それぞれを式 (5.12) に加え整理すると，

$$\sum_i (\ln n_i + \alpha + \beta \varepsilon_i) \,\mathrm{d}n_i = 0 \tag{5.13}$$

になる．すなわち，0に0と0を加えても和は0である．式 (5.13) の $\sum_i$ 部分を分けた状態で表現すると

$$(\ln n_0 + \alpha + \beta \varepsilon_0)\,\mathrm{d}n_0 + (\ln n_1 + \alpha + \beta \varepsilon_1)\,\mathrm{d}n_1 + \cdots = 0 \tag{5.14}$$

である．n_i は任意なものであるから式 (5.14) が常に成立するには，それぞれの項が，

$$\ln n_i + \alpha + \beta \varepsilon_i = 0 \tag{5.15}$$

でなければならない．したがって，

$$\ln n_i = -(\alpha + \beta \varepsilon_i)\ln \mathrm{e} = \ln \mathrm{e}^{-(\alpha + \beta \varepsilon_i)}$$

$$\therefore n_i = \mathrm{e}^{-(\alpha + \beta \varepsilon_i)} = \mathrm{e}^{-\alpha}\mathrm{e}^{-\beta \varepsilon_i} \tag{5.16}$$

が得られる．式 (5.16) を，全粒子数を表す式 $N = \sum_i n_i$ に代入すると

$$N = \sum_i n_i = \sum_i \mathrm{e}^{-\alpha}\mathrm{e}^{-\beta \varepsilon_i} \tag{5.17}$$

となる．$\mathrm{e}^{-\alpha}$ は，i に無関係で，一定なので，$\sum_i$ の外に出せ，$N = \mathrm{e}^{-\alpha}\sum_i \mathrm{e}^{-\beta \varepsilon_i}$ となり，整理すると，

$$e^{-\alpha} = \frac{N}{\sum_i e^{-\beta \varepsilon_i}} \tag{5.18}$$

が求まる．式 (5.18) を式 (5.16) に代入すると，式 (5.19) が得られる．

$$n_i = N \frac{e^{-\beta \varepsilon_i}}{\sum_i e^{-\beta \varepsilon_i}} \tag{5.19}$$

すべての準位のエネルギー ε_i が基底状態に対して相対的に測られるとき，$\varepsilon_0 = 0$ とおくことができるので，式 (5.16) で $i = 0$ とすると $n_0 = e^{-\alpha}$ となり，式 (5.16) は

$$n_i = n_0 e^{-\beta \varepsilon_i} \tag{5.20}$$

となる．これを Lagrange の未定乗数法という．ここで，$\beta = 1/kT$ と書ける[*]．したがって式 (5.20) は

$$n_i = n_0 e^{-\frac{\varepsilon_i}{kT}} \tag{5.21}$$

になる．ここで n_i は ε_i のエネルギーを持つ i 番目の準位に存在する粒子の数であり，n_0 は基底状態に存在する粒子の数である．これが有名なボルツマンの分布則で，さらに式 (5.21) を $n_i/n_0 = e^{-\varepsilon_i/kT}$ と変形し，図 5.5 のように，n_i/n_0 を ε_i/kT でプロットすると，n_i/n_0 はエネルギーが増すにつれ，1 から指数関数的に減少することがわかる．

また，式 (5.19) は

$$n_i = N \frac{e^{-\frac{\varepsilon_i}{kT}}}{\sum_i e^{-\frac{\varepsilon_i}{kT}}} \tag{5.22}$$

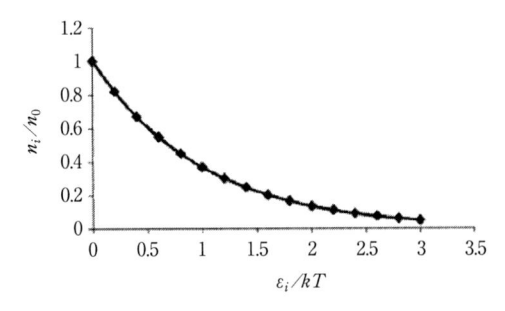

図 5.5 ボルツマン分布　エネルギー 0，すなわち，$\varepsilon_0 = 0$ のとき，$n_i/n_0 = 1$ であるが，ε_i が増すごとに，指数関数的に n_i/n_0 は減少する

---

[*] この証明は N. O. Smith 著「統計熱力学入門」東京化学同人 p. 68-69 を参照．

となる．これは全粒子数 N を用いたボルツマン分布則の別の表現である．

5.5 分配関数

式 (5.22) の右辺の分母の $\sum_i e^{-\varepsilon_i/kT}$ を q とおくと式 (5.22) は

$$n_i = \frac{N}{q} e^{-\frac{\varepsilon_i}{kT}} \tag{5.23}$$

になる．さらに式 (5.23) を変形して全粒子 N 個中 i 番目の準位に粒子が存在する割合 P_i を q を使って次のように表すことができる．

$$P_i = \frac{n_i}{N} = \frac{e^{-\frac{\varepsilon_i}{kT}}}{\sum_i e^{-\frac{\varepsilon_i}{kT}}} = \frac{e^{-\frac{\varepsilon_i}{kT}}}{q} \tag{5.24}$$

これまで用いてきた q は

$$q = \sum_i e^{-\frac{\varepsilon_i}{kT}} = e^{-\frac{\varepsilon_0}{kT}} + e^{-\frac{\varepsilon_1}{kT}} + e^{-\frac{\varepsilon_2}{kT}} + \cdots \tag{5.25}$$

で表され，粒子分配関数（partical partition function）あるいは分子分配関数（molecular partition function）と呼ばれる．これが統計熱力学を学ぶ上で最も重要な関数である．

式 (5.25) から明らかなように，粒子が基底状態だけに存在し，他のエネルギー準位に粒子が存在していなければ，$\varepsilon_0=0$ で，$e^{-\varepsilon_0/kT}=1$ となり，$q=1$ となる．温度 T が上がると粒子は上の準位にも広がって分布し，q は 1 よりも大きくなる．すなわち，q の大きさは集合体中の粒子が，その粒子種に特有のいくつかの量子状態にどの程度「広がるか」を反映する量であり，粒子による量子状態の占有のされ方を表している．

エネルギー間隔が広く，低温のときは，ε_i/kT は大きく，級数の項の値は急速に小さくなり，q は 1 に近づく．一方，狭いエネルギー間隔と高温では，ε_i/kT は小さくなり，級数の項の値の減少はなだらかで，徐々に収束し，結果として q は大きくなる．

統計熱力学では，この q を用いてエネルギー E（内部エネルギー U）[*]．エン

---

[*] 前章まで，内部エネルギーとして U を用いてきた．この統計熱力学の章では全エネルギーとして内部エネルギーの U の代わりに E を用いている．この理由は，分子の並進の分配関数から並進のエネルギー E_t，回転や振動の分配関数から回転や振動のエネルギー E_r，E_v，また，その他の分配関数からその他のエネルギーが求まり，それらのすべてを合わせたときに，はじめて内部エネルギー U になるからである．理想気体の場合，並進運動だけなので $U=E$ である．

トロピー S, エンタルピー H, ギブズエネルギー G などの熱力学関数を表す.

式 (5.25) でわかるように分配関数 q にはそれぞれの準位のエネルギー項が入っているので, 分子の振動や回転, 並進のエネルギーが分光学的手段などでわかれば分配関数 q を算出でき, 種々熱力学関数も分子の情報から算出が可能となる.

5.5.1 縮重に対する分配関数の修正

数個の状態がたまたま同じエネルギーを持ち, 分子分配関数 q に同じ寄与をすることがある. たとえば, g_i 個の状態が同じエネルギー ε_i を持つ, つまり, このエネルギー準位が g_i 個に縮重 (縮退) (degenerate) していると, 分配関数 q は式 (5.25) ではなく, i 番目の準位の統計的重み (縮重度) g_i が入った次式になる.

$$q = \sum_i g_i e^{-\frac{\varepsilon_i}{kT}} \tag{5.26}$$

一例として, HCl 分子のような直線状回転体の回転の分配関数を求めてみよう. 量子論によれば, 回転のエネルギーは

$$\varepsilon_J = \frac{h^2}{8\pi^2 I} J(J+1) \tag{5.27}$$

で与えられる. J は回転の量子数 ($J=0,1,2,3,\cdots$), h はプランク定数 ($6.6260755 \times 10^{-34}$ Js), I は次式の慣性モーメント (moment of inertia) である.

$$I = \mu r^2 \tag{5.28}$$

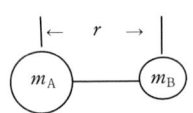

ここで, μ は質量 m_A と m_B の原子からなる 2 原子分子の換算質量 (reduced mass) ($\mu = m_A m_B / m_A + m_B$) で, r は 2 原子分子の平均原子間距離である.

回転の場合, エネルギー準位は縮重しており, ある J 番目のエネルギー準位の縮重度は $g_J = 2J+1$ である. したがって, 分子の回転の分配関数 q は

$$q = \sum_J (2J+1) e^{-\frac{h^2}{8\pi^2 I} J(J+1)} \tag{5.29}$$

になる.

一般に縮重 (縮重度 g_i) がある場合のボルツマン分布則は

$$n_i = \frac{N}{q} g_i e^{-\frac{\varepsilon_i}{kT}} \tag{5.30}$$

や
$$n_i = n_0\, g_i\, e^{-\frac{\varepsilon_i}{kT}} \tag{5.31}$$
で表される．

【例題 5.4】 式（5.31）を使って CO 分子の 25℃における分子回転のボルツマン分布を回転の量子数 $J=0$ から 20 まで計算し，$n_J/n_0 \sim J$ 関係を図示せよ．ただし，C–O 間の原子間距離 r を 1.128×10^{-10} m，C 原子の質量 m_c（原子量をアボガドロ数 L で割ったもの）を 1.9927×10^{-26} kg，O 原子の質量 m_o を 2.6568×10^{-26} kg とする．

解 回転運動の場合，縮重しているので縮重度 $g_J = 2J+1$ である．式（5.28）を用いて CO 分子の慣性モーメント I_{CO} を計算すると，$I_{CO} = 1.45\times 10^{-46}$ kg m^2 となり，この値を式（5.27）に代入し CO 分子の J 番目の準位の回転エネルギー E_J を求めると $\varepsilon_J = 3.83\times 10^{-23} J(J+1)$（単位 J（ジュール））が得られ，回転の量子数 J が増すにつれて回転のエネルギー ε_J が飛び飛びの状態で増大する．得られた ε_J 値を式（5.31）に代入すると，基底状態の分子数 n_0 に対する各準位 J における分子数 n_J の比を求めることができる．

図 5.6 に示すように $J=0$ すなわち，エネルギー $\varepsilon_0 = 0$ では，$n_0/n_0 = 1$ であるが J が増す（すなわち回転のエネルギーが増大する）につれ，n_J/n_0 は増大し，$J=7$ で極大を経て，以後，減少していく．縮重がない場合の図 5.5 と比較するとボルツマン分布の違いが明らかである．

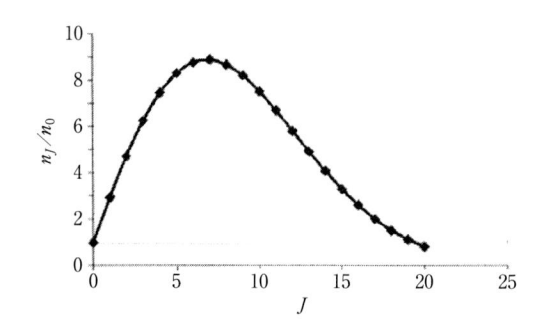

図 5.6 298 K における CO 分子の回転の存在分布
J が増すにつれて回転エネルギーは $\varepsilon_J = h^2/8\pi^2 I\, J(J+1)$ に従って増大するが，ボルツマン分布は $J=7$ 付近で極大になる．

5.5.2 縮重がある場合の微視的状態の数

ここで，縮重がある場合の微視的状態の数 W について考えてみよう．

準位1の縮重度を g_1 とすれば n_1 個の粒子は準位1の g_1 個の副準位のどこかに属すことができるので，準位1の1つの粒子は g_1 通りの入り方がある．準位1に属する別の粒子も g_1 通りの入り方があるので，n_1 個の粒子の持つ状態の数は $g_1^{n_1}$（すなわち，$g_1 \cdot g_1 \cdot g_1 \cdot g_1 \cdots = g_1^{n_1}$）になる．$g_1$ 個の状態はエネルギーが等しく，その実現の確率はすべて等しい．他の準位についても全く同じことが成り立つので，縮重がある場合の微視的状態の数 W は

$$W = (g_1^{n_1} g_2^{n_2} g_3^{n_3} \cdots g_i^{n_i}) \frac{N!}{n_1! \cdot n_2! \cdot n_3! \cdots n_i!} = N! \prod_i \frac{g_i^{n_i}}{n_i!} \tag{5.32}$$

となる．

5.6 種々熱力学関数の分配関数での表示

これから分配関数 q を含むボルツマン分布則である式 (5.30) を用いて，粒子が区別できる系（結晶）と区別できない系（気体）についていろいろな熱力学関数を分配関数 q で表してみよう．

5.6.1 結晶などの粒子の位置により区別できる系の熱力学関数

a．エネルギー E の求め方

系のエネルギー E（$E = \sum_i n_i \varepsilon_i = $ 一定）と式 (5.30) のボルツマン分布則 $n_i = (N/q) g_i \, e^{-\varepsilon_i/kT}$ を組み合わせると

$$E = \frac{N}{q} \sum_i \varepsilon_i g_i \, e^{-\frac{\varepsilon_i}{kT}} \tag{5.33}$$

が得られる．次に，式 (5.26) の分配関数 $q = \sum_i g_i \, e^{-\varepsilon_i/kT}$ を V 一定で T で微分すると，

$$\left(\frac{\partial q}{\partial T}\right)_V = \left[\frac{\partial \left(\sum_i g_i \, e^{-\frac{\varepsilon_i}{kT}}\right)}{\partial T}\right]_V = \left[\frac{\partial \left(\sum_i g_i \, e^{-\frac{\varepsilon_i}{kT}}\right)}{\partial \, e^{-\frac{\varepsilon_i}{kT}}}\right]_V \left[\frac{\partial \left(e^{-\frac{\varepsilon_i}{kT}}\right)}{\partial \left(\frac{1}{T}\right)}\right]_V \left[\frac{\partial \left(\frac{1}{T}\right)}{\partial T}\right]_V$$

$$= \sum_i g_i \left(-\frac{\varepsilon_i}{k}\right) e^{-\frac{\varepsilon_i}{kT}} \left(-\frac{1}{T^2}\right)$$

5.6 種々熱力学関数の分配関数での表示

$$= \frac{1}{kT^2} \sum_i \varepsilon_i g_i e^{-\frac{\varepsilon_i}{kT}} \tag{5.34}*)$$

が得られる.

一方,式 (5.34) より $\sum_i \varepsilon_i g_i e^{-\varepsilon_i/kT} = qE/N$ なので,$qE/N = kT^2(\partial q/\partial T)_V$ となり,

$$E = \frac{N}{q} kT^2 \left(\frac{\partial q}{\partial T}\right)_V \tag{5.35}$$

または

$$E = NkT^2 \left(\frac{\partial \ln q}{\partial T}\right)_V \tag{5.36}$$

が得られる.

1 mol の物質に対して,N はアボガドロ数 L なので $Lk = R$(気体定数)となり,

$$E_m = RT^2 \left(\frac{\partial \ln q}{\partial T}\right)_V \tag{5.37}$$

となる.

b. 定容熱容量 C_V

定容熱容量 C_V は一定体積におけるエネルギーの温度変化である.すなわち,

$$C_V = \left(\frac{\partial E}{\partial T}\right)_V = \left[\frac{\partial}{\partial T} NkT^2 \left(\frac{\partial \ln q}{\partial T}\right)_V\right]_V = Nk \left[\frac{\partial}{\partial T} T^2 \left(\frac{\partial \ln q}{\partial T}\right)_V\right]_V \tag{5.38}$$

1 mol の物質に対して

$$C_{V,m} = R \left[\frac{\partial}{\partial T} T^2 \left(\frac{\partial \ln q}{\partial T}\right)_V\right]_V \tag{5.39}$$

が得られる.

c. エンタルピー H と定圧熱容量 C_p

エンタルピー H は $H = E + pV$ なので,

$$H = NkT^2 \left(\frac{\partial \ln q}{\partial T}\right)_V + pV \tag{5.40}$$

1 mol の物質に対して

$$H_m = RT^2 \left(\frac{\partial \ln q}{\partial T}\right)_V + pV \tag{5.41}$$

---

*) 微分が難しいときは,たとえば,$dz/dx = (dz/dy)\cdot(dy/dx)$ のように z を x で微分する前に z を y で微分して,さらにその y を x で微分すると簡単になる.これを繰り返せば,かなり複雑で難しい微分も容易に解ける.

となる．したがって，定圧熱容量 C_p は

$$C_p = \left(\frac{\partial H}{\partial T}\right)_p = \left\{\frac{\partial}{\partial T}\left[NkT^2\left(\frac{\partial \ln q}{\partial T}\right)_V + pV\right]\right\}_p \tag{5.42}$$

1 mol の物質に対して

$$C_{p,m} = \left\{\frac{\partial}{\partial T}\left[RT^2\left(\frac{\partial \ln q}{\partial T}\right)_V + pV\right]\right\}_p \tag{5.43}$$

が得られる．

d．エントロピー S の分配関数での表示

ボルツマンの式 $S = k \ln W$ に式 (5.33) の $W = N!\prod_i g_i^{n_i}/n_i!$ を代入すると，

$$S = k \ln \left(N!\prod_i \frac{g_i^{n_i}}{n_i!}\right) = k \ln N! + k \sum_i n_i \ln g_i - k \sum_i \ln n_i! \tag{5.44}$$

となる．$\sum_i n_i = N$（全粒子数）であり，階乗にスターリングの近似式を適応すると，

$$S \approx kN\ln N - kN + k\sum_i n_i \ln g_i - k\left(\sum_i n_i \ln n_i - \sum_i n_i\right)$$

$$= kN \ln N - k\sum_i n_i \ln \frac{n_i}{g_i} \tag{5.45}$$

となる．また，ボルツマン分布則 $n_i = (N/q)g_i e^{-\varepsilon_i/kT}$ の自然対数をとると

$$\ln \frac{n_i}{g_i} = \ln \frac{N}{q} - \frac{\varepsilon_i}{kT} \tag{5.46}$$

となる．これを式 (5.45) に代入すると，

$$S = kN\ln N - k\sum_i n_i \left(\ln \frac{N}{q} - \frac{\varepsilon_i}{kT}\right) = kN\ln N - k\sum_i n_i \ln \frac{N}{q} + k\sum_i \frac{n_i \varepsilon_i}{kT}$$

$$= kN\ln N - kN \ln \frac{N}{q} + \frac{E}{T} = kN\ln N - kN\ln N + kN\ln q + \frac{E}{T}$$

$$\therefore S = kN \ln q + \frac{E}{T} = kN\ln q + kNT\left(\frac{\partial \ln q}{\partial T}\right)_V \tag{5.47}$$

物質 1 mol に対して

$$S_m = R \ln q + \frac{E}{T} = R \ln q + RT\left(\frac{\partial \ln q}{\partial T}\right)_V \tag{5.48}$$

となり，エントロピーも分配関数 q から求めることができる．

e．ヘルムホルツエネルギー A とギブズエネルギー G の表示

これまでで，$E(U)$，H，S が出そろった．したがって，ヘルムホルツエネルギー A は $A = E - TS$ から

$$A = -kNT \ln q \tag{5.49}$$

ギブズエネルギー G は $G=A+pV$ から

$$G = -kNT \ln q + pV \tag{5.50}$$

が求まる.

以上が区別できる粒子の系（結晶など）の場合の分配関数による熱力学関数の表記である.

次に粒子がどこにあるのかわからない（非局在化した），区別できない粒子の系（気体など）の統計熱力学に移ろう.

5.6.2 区別できない粒子の系の統計熱力学

エネルギー $E(U)$ と C_V，エンタルピー H と C_p は区別できる粒子の系と全く同じである．しかし，微視的状態の数 W は，区別できる粒子の系と異なるので，エントロピー S が異なり，それに伴いヘルムホルツエネルギー A とギブズエネルギー G が違ってくる.

すなわち，固体中では分子の位置は格子点で指定でき，識別することができ，

$$W = N! \prod_i \frac{g_i^{n_i}}{n_i!} \tag{5.32}$$

である．しかし，気体中ではそのような指定ができないので，分子の位置が交換されてもその状態は識別できない．このことを考慮すると，微視的状態の数を $N!$ で割る必要がある．すなわち，

$$W = \prod_i \frac{g_i^{n_i}}{n_i!} \tag{5.51}$$

となる.

一見，固体の場合よりも微視的状態の数が少ないように思われるが気体の場合，縮重度 g_i が分子の数よりもはるかに大きく，とりうる微視的状態の数は固体より圧倒的に大きい.

この W を用いて区別できない粒子の系（気体）のエントロピー S を求めると，

$$S = k(\sum_i n_i \ln g_i - \sum_i \ln n_i!) \tag{5.52}$$

となる．スターリングの近似を適用し，整理すると，

$$S = -k \sum_i n_i \ln \frac{n_i}{g_i} + kN \tag{5.53}$$

また，ボルツマン分布則から得られた式（5.46）$\ln n_i/g_i = \ln N/q - \varepsilon_i/kT$ を式（5.53）に代入すると，

$$S = -k\sum_i n_i \ln \frac{N}{q} + \frac{1}{T}\sum_i n_i \varepsilon_i + kN$$

$$= kN \ln \frac{q}{N} + \frac{E}{T} + kN \tag{5.54}$$

が得られる．粒子1 mol に対して

$$S_m = R \ln \frac{q}{L} + \frac{E}{T} + R \tag{5.55}$$

となる．したがって，ヘルムホルツエネルギーは

$$A = -kNT \ln \frac{q}{N} - kNT \tag{5.56}$$

ギブズエネルギーは

$$G = -kNT \ln \frac{q}{N} - kNT + pV \tag{5.57}$$

となり，理想気体では $pV = kNT$ なので，

$$G = -kNT \ln \frac{q}{N} \tag{5.58}$$

が得られる．以上で「区別できない系」のすべての熱力学関数が分配関数で表示できた．これから，気体についての分配関数と，それを使って熱力学関数を導いていこう．

5.7 気体の分配関数と熱力学的状態関数

5.7.1 気体の分配関数の因数分解

気体分子の持つエネルギー ε_i は，通常，並進のエネルギー ε_t，回転のエネルギー ε_r，そして振動のエネルギー ε_v の合計である[*]．したがって，$\varepsilon_i = \varepsilon_t + \varepsilon_r + \varepsilon_v$ が成り立つ．

また，分子の縮重度 g_i はそれぞれの縮重度 g_t, g_r, g_v の積で与えられるので，

$$g_i = g_t \cdot g_r \cdot g_v \tag{5.59}$$

である．この g_i を式（5.26）の分配関数に入れると

---

[*] $\varepsilon_t, \varepsilon_r, \varepsilon_v$ などの下つきの t, r, v はそれぞれ並進（translation），回転（rotation），振動（vibration）を意味する．

5.7 気体の分配関数と熱力学的状態関数

$$q = \sum_i g_i e^{-\frac{\varepsilon_i}{kT}} = \sum g_t \cdot g_r \cdot g_v e^{-\frac{\varepsilon_t + \varepsilon_r + \varepsilon_v}{kT}} = \sum \left(g_t e^{-\frac{\varepsilon_t}{kT}}\right)\left(g_r e^{-\frac{\varepsilon_r}{kT}}\right)\left(g_v e^{-\frac{\varepsilon_v}{kT}}\right) \quad (5.60)$$

となる.これに,「積の和」は「和の積」の関係を使うと,

$$q = \sum_t \left(g_t e^{-\frac{\varepsilon_t}{kT}}\right) \sum_r \left(g_r e^{-\frac{\varepsilon_r}{kT}}\right) \sum_v \left(g_v e^{-\frac{\varepsilon_v}{kT}}\right) = q_t \cdot q_r \cdot q_v \quad (5.61)$$

となる.すなわち,分子全体の分配関数が並進の分配関数 q_t,回転の分配関数 q_r,振動の分配関数 q_v に分けられる[*)].

5.7.2 理想気体の分配関数と熱力学関数

希薄な単原子分子は理想気体と考えてよく,回転も振動もなく,並進運動だけである.したがって,エネルギーは並進の運動エネルギーだけとなり,分子分配関数も並進の分配関数だけを考えればよい.

量子論によると一辺 a の立方体の容器中にある質量 m の理想気体分子1個が持つ並進運動のエネルギー ε_t は

$$\varepsilon_t = \frac{(n_x^2 + n_y^2 + n_z^2)h^2}{8ma^2} \quad (5.62)$$

で,分子分配関数も $q_t = \sum_t g_t e^{-\varepsilon_t/kT}$ であるが,$g_t = 1$(縮重を考えない)では,

$$\begin{aligned} q_t &= \sum_t e^{-\frac{(n_x^2+n_y^2+n_z^2)h^2}{8ma^2kT}} = \sum_{n_x}\sum_{n_y}\sum_{n_z} \exp\left[-\frac{(n_x^2+n_y^2+n_z^2)h^2}{8ma^2kT}\right] \\ &= \sum_{n_x}\sum_{n_y}\sum_{n_z} \exp\left[-\frac{n_x^2 h^2}{8ma^2kT}\right]\exp\left[-\frac{n_y^2 h^2}{8ma^2kT}\right]\exp\left[-\frac{n_z^2 h^2}{8ma^2kT}\right] \end{aligned}$$
(5.63)

ここで,$e^a = \exp a$ である.「積の和」は「和の積」を利用すると,

$$q_t = \sum_{n_x} \exp\left[-\frac{n_x^2 h^2}{8ma^2kT}\right] \sum_{n_y} \exp\left[-\frac{n_y^2 h^2}{8ma^2kT}\right] \sum_{n_z} \exp\left[-\frac{n_z^2 h^2}{8ma^2kT}\right]$$
(5.64)

となるが,右辺の3つの因数は値が等しいので,q_x で代表させると,

$$q_t = \left[\sum_{n_x} \exp\left[-\frac{n_x^2 h^2}{8ma^2kT}\right]\right]^3 = q_x^3 \quad (5.65)$$

と簡単になる.

並進運動の場合,エネルギー準位の間隔は kT に比べて非常に小さく,狭いの

[*)] この本ではふれないが,正準分配関数(canonical partition function)Q により熱力学関数を表すこともできる.Q は固体に対して $Q = q^N$,気体では $Q = q^N/N!$ で q と関係づけられる.

で，ほぼ連続的にエネルギーが変わるとみなせる．したがって，$\sum_{n_x}$ を積分で置き換えることができる．

$$q_x = \int_1^\infty \exp\left[-\frac{n_x^2 h^2}{8ma^2 kT}\right] dn_x \approx \int_0^\infty \exp\left[-\frac{n_x^2 h^2}{8ma^2 kT}\right] dn_x \tag{5.66}$$

いま，$\dfrac{hn_x}{\sqrt{8ma^2 kT}} = x$ とおくと，$\dfrac{hdn_x}{\sqrt{8ma^2 kT}} = dx$

$$\therefore dn_x = \frac{\sqrt{8ma^2 kT}}{h} dx \tag{5.67}$$

したがって，

$$\begin{aligned} q_x &= \int_0^\infty \frac{\sqrt{8ma^2 kT}}{h} e^{-x^2} dx = \frac{\sqrt{8ma^2 kT}}{h} \int_0^\infty e^{-x^2} dx \\ &= \frac{\sqrt{8ma^2 kT}}{h} \frac{\sqrt{\pi}}{2} = \frac{a\sqrt{2\pi mkT}}{h} \end{aligned} \tag{5.68}$$

ここでは，$\int_0^\infty e^{-x^2} dx = \sqrt{\pi}/2$ の積分の公式を使っている．したがって，q_t は以下のように表される．

$$q_t = (q_x)^3 = \frac{a^3 (\sqrt{2\pi mkT})^3}{h^3} = \frac{V(2\pi mkT)^{\frac{3}{2}}}{h^3} \tag{5.69}$$

この式で，$V = a^3$（体積）なので，明らかに並進運動の分配関数 q_t は体積 V に比例する．

次に，得られた q_t を用いて，実際に理想気体の種々熱力学関数を求めよう．はじめにエネルギーを求める．

$$E_t = NkT^2 \left(\frac{\partial \ln q_t}{\partial T}\right)_V \tag{5.70}$$

なので，この式の $(\partial \ln q_t/\partial T)_V$ に式 (5.69) の q_t を代入すると

$$\left(\frac{\partial \ln q_t}{\partial T}\right)_V = \left(\frac{\partial \ln q_t}{\partial q_t}\right)_V \left(\frac{\partial q_t}{\partial T}\right)_V = \frac{1}{q_t} \frac{V(2\pi mk)^{\frac{3}{2}}}{h^3} \frac{3}{2} T^{\frac{1}{2}} = \frac{3}{2} T^{-1} \tag{5.71}$$

なる．これを式 (5.71) に代入すると

$$E_t = NkT^2 \frac{3}{2} T^{-1} = \frac{3}{2} NkT \tag{5.72}$$

が得られる．理想気体 1 mol では，$E_t = 3/2\, RT$ となり，気体分子論で得られる値（式 (1.28)）と等しくなる．

モル定容熱容量 $C_{v,m}$ は

$$C_{v,m} = \left(\frac{\partial E_t}{\partial T}\right)_V = \frac{3}{2}R \tag{5.73}$$

さらに，理想気体のモルエンタルピーは

$$H_{t,m} = E_{t,m} + pV = E_{t,m} + RT = \frac{5}{2}RT \tag{5.74}$$

であり，モル定圧熱容量は

$$C_{p,m} = \left(\frac{\partial H_{t,m}}{\partial T}\right)_p = \frac{5}{2}R \tag{5.75}$$

となる．

また，エントロピーも式 (5.54), (5.69), (5.72) から

$$S_t = kN\ln\frac{q_t}{N} + \frac{E_t}{T} + kN = kN\ln\frac{V(2\pi mkT)^{\frac{3}{2}}}{Nh^3} + \frac{5}{2}kN \tag{5.76}$$

のように得られる．

分子量を M（単位：g mol^{-1}），アボガドロ数を L とすれば，分子 1 個の質量 m は $m = M/1000L$（単位：kg）で与えられ，1 気圧（$= 1.01325 \times 10^5\,\text{Nm}^{-2} = 1.01325 \times 10^5\,\text{Pa}$）で 1 mol の理想気体のエントロピーは以下のようになる．

$$S_{t,m} = \frac{3}{2}R\ln M + \frac{5}{2}R\ln T - 9.685 \quad (\text{単位 J K}^{-1}\,\text{mol}^{-1}) \tag{5.77}^{*)}$$

【例題 5.5】 1 気圧下で，1 mol のネオン Ne の 298.15 K におけるエントロピーを求めよ．

解 気体定数 $R = 8.314\,\text{J K}^{-1}\,\text{mol}^{-1}$，Ne の分子量 $M = 20.18$ などを入れて計算すると，$S_t = 146.2\,\text{J K}^{-1}\,\text{mol}^{-1}$ が得られる．文献によると Ne の標準エントロピーの値は $S_m^\ominus = 146.33\,\text{JK}^{-1}\,\text{mol}^{-1}$ であり，よく一致している．

5.7.3　直線分子の回転の分配関数と熱力学状態量

分子の回転のエネルギー準位の間隔も狭く，連続しているとみなせるので，回転の分配係数は式 (5.29) を積分の形にして得られる．すなわち，

---

*) この式は Sackur–Tetrode 式として知られ，実用的に便利なのでよく用いられるが，対数の中は無次元でなければならないので，厳密には正しくない．

$$q_r = \sum_0^\infty (2J+1) e^{-\frac{h^2}{8\pi^2 IkT} J(J+1)} \approx \int_0^\infty (2J+1) e^{-\frac{h^2}{8\pi^2 IkT} J(J+1)} dJ \tag{5.78}$$

ここで，$h^2/8\pi^2 IkT = a$，$J(J+1) = x$ とおき，x を J で微分すると，$dx = (2J+1)dJ$ が得られるので，式 (5.78) は以下のように単純，かつ，簡単になり，よく知られた積分の公式を使うことで q_r が算出できる．

$$q_r = \int_0^\infty e^{-ax} dx = -\frac{1}{a}[e^{-ax}]_0^\infty = \frac{1}{a} = \frac{8\pi^2 IkT}{h^2} \tag{5.79}$$

となる．

H_2 や O_2 分子のように等核 2 原子分子の場合，回転の対称数 σ が 2 なので，

$$q_r = \frac{4\pi^2 IkT}{h^2} \tag{5.80}^*$$

となる．一般式として対称数 σ が入った

$$q_r = \frac{8\pi^2 IkT}{\sigma h^2} \tag{5.81}$$

となる．

次に $q_r = 8\pi^2 IkT/h^2$ を用いて熱力学関数を求めよう．

回転のエネルギーは式 (5.36) から

$$E_r = NkT^2 \left(\frac{\partial \ln q_r}{\partial T}\right)_V \tag{5.82}$$

ここで，

$$\left(\frac{\partial \ln q_r}{\partial T}\right)_V = \left(\frac{\partial \ln q_r}{\partial q_r}\right)_V \left(\frac{\partial q_r}{\partial T}\right)_V = \frac{1}{q_r} \frac{8\pi^2 Ik}{h^2} = \frac{1}{T} \tag{5.83}$$

なので，

$$E_r = NkT^2 \frac{1}{T} = NkT \tag{5.84}$$

が得られる．

1 mol の分子では $E_{r,m} = RT$ となり，これも気体分子運動論のとおりである．H_2 のような対称な分子の場合も $E_r = NkT$ で，1 mol の分子でも $E_r = RT$ で，対称でない分子の場合と同じである．しかし，エントロピーには対称数 σ が入る．すなわち，

---

*) 等核 2 原子分子が対称軸の周りを 1 回転する間に，2 つの区別できない配向が得られる．そのために上の式では同じ微視的状態を重複して和をとっていることになる．このために分配関数を 2 で割る必要がある．

$$S_\text{r} = kN \ln q_\text{r} + \frac{E_\text{r}}{T} = Nk \ln \frac{8\pi^2 IkT}{\sigma h^2} + Nk \tag{5.85}$$

1 mol では

$$S_\text{r,m} = R \ln q_\text{r} + \frac{E_\text{r,m}}{T} = R \ln \frac{8\pi^2 IkT}{\sigma h^2} + R \tag{5.86}$$

となる．

5.7.4　分子振動の分配関数と熱力学状態量

単純な調和振動をする分子の振動エネルギーは $\varepsilon_\text{v} = (v+1/2)h\nu$ と表せる．ここで，ν は分子の振動数，v は振動の量子数で，$v=0,1,2,\cdots$ と増大する．振動の分配係数を求めるために最低準位 $\varepsilon_0 = (1/2)h\nu$（零点エネルギー）を基準としてエネルギーを求め，エネルギー準位について和をとると，

$$q_\text{v} = \sum_0^\infty \exp\left(\frac{-vh\nu}{kT}\right) = 1 + e^{\frac{-h\nu}{kT}} + e^{\frac{-2h\nu}{kT}} + e^{\frac{-3h\nu}{kT}} + \cdots \tag{5.87}$$

$e^{-h\nu/kT} = x$ とおくと，$q_\text{v} = 1 + x + x^2 + x^3 + \cdots$ となる．これは等比級数で，$x<1$ であれば，べき級数無限大までの和は，$(1-x)^{-1}$ となる．したがって，

$$q_\text{v} = \left[1 - e^{\frac{-h\nu}{kT}}\right]^{-1} \tag{5.88}$$

となる．一般に $h\nu/kT > 1$ なので，$e^{-h\nu/kT} < 1$ となり，$q_\text{v} \approx 1$ である．すなわち，常温では分子はほとんど最低の振動準位だけを占めている．

多原子からなる分子の場合，多くの振動モードがあり，先にも述べたようにエネルギーの寄与が独立に和で与えられるとき，各分配関数は各モードの寄与の積に分けられるので，全振動の分配関数 $q_\text{v,tot}$ は次式のように各振動の分配関数の積で表される．

$$q_\text{v,tot} = \prod_i \left[1 - e^{\frac{-h\nu_i}{kT}}\right]^{-1} \tag{5.89}$$

ここで，$h\nu_i/k = \theta_i$（アインシュタイン（Einstein）の特性温度：物質固有の値を持つ）とすると，ある i という振動の分配関数は

$$q_{\text{v},i} = \left[1 - e^{\frac{-\theta_i}{T}}\right]^{-1} \tag{5.90}$$

となり，そのエネルギーを $E_{\text{v},i}$ は

$$E_{\text{v},i} = \frac{Nk\theta_i}{e^{\frac{\theta_i}{T}} - 1} \tag{5.91}$$

となる．i の振動 1 mol 分の場合，

$$E_{\mathrm{v},i} = \frac{R\theta_i}{e^{\frac{\theta_i}{T}} - 1} \tag{5.92}$$

となり，温度 $T \to \infty$ のとき，分母の指数項が展開でき，$E_{\mathrm{v},i} = RT$ となる．極限値ではあって，常温ではありえない．したがって分子振動は高温にならないと熱容量に関係しない．

また，全部の振動エネルギーの和は $E_{\mathrm{v,tot}} = \sum_i E_{\mathrm{v},i}$ で与えられる．

5.8 分配関数と化学平衡

これまで学んできた分配関数を用いて化学反応の平衡定数を求めてみよう．

化学種 A と B の間に化学平衡 A ⇌ B が成立しているとする．簡単なために縮重がない場合，A と B の分配関数はそれぞれ，

$$q_{\mathrm{A}} = \sum_{i=0}^{\infty} \exp\left(-\frac{\varepsilon_i^{\mathrm{A}}}{kT}\right) \tag{5.93}$$

$$q_{\mathrm{B}} = \sum_{j=0}^{\infty} \exp\left(-\frac{\varepsilon_j^{\mathrm{A}}}{kT}\right) \tag{5.94}$$

である．図 5.7 に示すように，それぞれ化学種の基底状態での分子数を n_0^{A}, n_0^{B} とすると，ボルツマン分布則はそれぞれ，式 (5.95)，(5.96) のように成立する．

$$n_i^{\mathrm{A}} = n_0^{\mathrm{A}} \exp\left(-\frac{\varepsilon_i^{\mathrm{A}}}{kT}\right) \tag{5.95}$$

$$n_j^{\mathrm{B}} = n_0^{\mathrm{B}} \exp\left(-\frac{\varepsilon_j^{\mathrm{B}}}{kT}\right) \tag{5.96}$$

したがって，A と B の平衡状態におけるそれぞれの分子数は

$$n_{\mathrm{A}} = \sum_i n_i^{\mathrm{A}} = n_0^{\mathrm{A}} q_{\mathrm{A}} \tag{5.97}$$

と

$$n_{\mathrm{B}} = \sum_j n_j^{\mathrm{B}} = n_0^{\mathrm{B}} q_{\mathrm{B}} \tag{5.98}$$

となる．

平衡において，A の基底状態の分子数を $n_0^{\mathrm{A}} = n_0$ とおき，n_0^{B} にもボルツマン分布則が適応されるとすると，n_0^{B} は n_0 を使って式 (5.99) のように表すことができる．

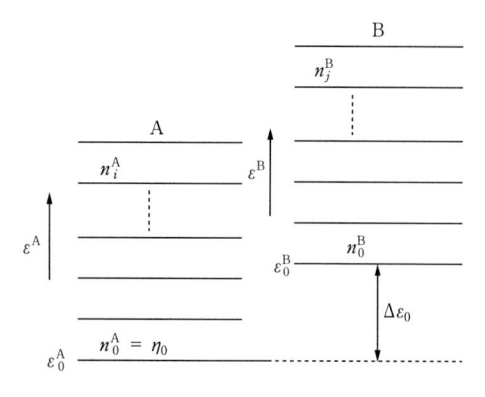

図 5.7 2つの化学種 A と B のエネルギー関係. n_0^A と n_0^B は A と B それぞれの化学種の基底状態での分子数, n_i^A と n_j^B は A と B それぞれの化学種の i 番目と j 番目のエネルギー準位における分子数を表す.（文献 5 の p.143 の図を参照し, 改変）

$$n_0^B = n_0 \exp\left(-\frac{\Delta\varepsilon_0}{kT}\right) \tag{5.99}$$

ここで, $\Delta\varepsilon_0$ は A と B の基底状態のエネルギー差 $(\varepsilon_0^B - \varepsilon_0^A)$ である. したがって, n_B は

$$n_B = n_0 \exp\left(-\frac{\Delta\varepsilon_0}{kT}\right)\sum_j \exp\left(-\frac{\varepsilon_j^B}{kT}\right) = n_0 \exp\left(-\frac{\Delta\varepsilon_0}{kT}\right) q_B \tag{5.100}$$

また, n_A は

$$n_A = n_0 q_A \tag{5.101}$$

で表せられる. そこで, 平衡定数 K は

$$K = \left[\frac{n_B}{n_A}\right]_{eq} = \frac{n_0 \exp(-\Delta\varepsilon_0/kT) q_B}{n_0 q_A} = \frac{q_B}{q_A} \exp\left(-\frac{\Delta\varepsilon_0}{kT}\right) \tag{5.102}$$

となる. このように, A と B それぞれの分配関数と $\Delta\varepsilon_0$ がわかればその化学反応の平衡定数を求めることができる[*].

---

[*] $\Delta\varepsilon_0$ は 0 K における反応のエネルギーである. これを直接求めることは難しいので, 実際にはある温度で反応熱を求める. この反応熱には双方の並進, 回転, 振動エネルギーの違いも含まれているので, その分を反応熱から差し引いて $\Delta\varepsilon_0$ とする.

演習問題

5.1 273.15 K で,44.8 dm³ を占める N_2 分子の並進の分配関数 q_t を求めよ.ただし,N_2 分子の質量は 28.02×10^{-3} kg mol^{-1} とする(ヒント:式 (5.69) を用いよ).

5.2 ヘルムホルツエネルギーの式,$dA = -SdT - pdV$ より $(\partial A/\partial V)_T = -p$ を求めよ.

5.3 $(\partial A/\partial V)_T = -p$ と非局在粒子の系のヘルムホルツエネルギー $A = -NkT\ln q + NkT(\ln N - 1)$ を組み合わせて,$p = NkT(\partial \ln q/\partial V)_T$ を導け(ヒント:粒子数 N は一定である).

5.4 式 (5.69) の並進の分配関数 q_t と $p = NkT(\partial \ln q/\partial V)_T$ を組み合わせて,1 mol の理想気体の状態方程式 $pV = RT$ を導け(ヒント:$d\ln V = dV/V$).

6

熱力学発達史

　熱力学の創始者はカルノーであり，エネルギー保存の法則はマイヤー，ジュール，ヘルムホルツの3名の科学者によって確立された．自由エネルギー，エントロピー，エンタルピー，絶対温度などはどのような経緯で定められたのかを，この章からよく理解してほしい．

6.1 熱力学の先駆的創始者：カルノー

　水の流れが水車を回すように，熱の流れが動力を発生させる．水位の差，温度の差が動力の発生を可能にする．カルノー（Nicolas Léonard Sadi Carnot, 1796～1832）による熱力学の誕生である．

　彼はラザール・カルノーの長子として1796年，パリに生まれた．父は幅広い学識を持った政治家であり，数学・応用力学を専門とする学者でもあった．父の訓育を受けたカルノーは，パリのエコール・ポリテクニクに最少許可年齢の16歳で入学した（1812年）．この理工科学校は基礎科学教育を徹底的に行った学校である．ここで電磁気学のアンペア（A. M. Ampère），熱学のゲイ・リュサック（J. L. Gay-Lussac），力学のポアッソン（S. D. Poisson）らの教育を受けた．

　卒業と同時に陸軍技師となり（1814年），同時に，パリ大学その他で数学・物理・化学・博物学・政治経済学などを聴講した．

　当時，蒸気機関が産業革命の推進力となっていたのであるが，指針となる熱と動力に関する学問的理論は，まだ現れてはいなかった．

　カルノーは**熱機関**（3.2節）の研究に没頭し，1824年6月，一大論文を発表した．それは「火の動力およびこの動力の発生に適した機関についての考察」というもので，まさに，熱力学の誕生を告げる内容であった．

熱は物質であるとする熱素説から脱却してはいなかったものの，火力を動力に変換する条件と効率，さらにその限界を論じたもので，画期的論究であった．すなわち，熱を動力に変えるには，熱移動の過程が必要である．物質に膨張・圧縮を繰り返させて，熱から動力を取り出す．そのためには高低2つの熱源，つまり温度差が必要である（図3.2）．可逆過程は損失のない過程であり，変換の効率は可逆過程において最大であり，その効率は高温熱源と低温熱源の温度だけで決まる．つまり，高低熱源の温度だけの関数として表される．動力の発生に**作業物質**[*]の種類は無関係である，という説である．

熱素の考えが採用されているとはいえ，第二種の永久機関不可能の考え，すなわち「最大の効率を与える機関は可逆機関である」という原理を打ち出している．可逆機関のサイクルを等温過程と断熱過程から定立したのである．

フランス革命の真っただ中に生まれ，七月革命といった乱世に生き抜いたカルノーは1832年，病（コレラ）に倒れ，36歳という短い生涯を閉じた．

伝染病であったがゆえに，遺品の多くは焼却された．しかし，「数学，物理学その他についての覚書」は焼かれずにすんだ．1966年になって，新たに遺稿「水蒸気の動力を表すのに適した公式の研究」が発見された．

カルノーの真価が認められたのは，亡くなって10年以上も経ってからである．クラペイロン（6.2節）はカルノーの理論を大発見と認識し，内容をp-V可逆サイクル図で表し（これは現在のカルノーサイクル），同時に種々の理論的内容を数式化し，論文に発表したのである．この紹介によって，ケルビン卿（6.8節）は独創性を評価し，「カルノーの定理（Carnot's theorem）」として認めた（1848年）．クラウジウスはカルノーの定理を証明し，さらに，エントロピーの概念をカルノー理論の中に打ち立て，カルノーサイクルの効率は最大であり，永久機関は存在し得ないということを述べた（6.7節）．熱力学第二法則へと結実したのである．

カルノーの業績は，自然科学にこれまで存在しなかった"熱力学"という学問分野を発祥させた屈指の偉業といえよう．

---

[*]作業物質（working material）：熱機関の内部にあって，熱や仕事を受け取り，かつ放出する物質のこと．蒸気機関の場合は水蒸気がこれにあたる．

6.2 クラペイロンの功績

　フランスの産業革命は，内乱のせいもあって，イギリスより半世紀も遅れて1830年ごろから本格化した．このため，技術面の教育・研究より，むしろ理論に重点がおかれ，結果として，優れた理論派技術者が輩出した．

　その一人がフランス産業革命を代表する技術者・物理学者クラペイロン（Benoit Paul Émile Clapeyron, 1799～1864）である．パリに生まれ，カルノーと同じエコール・ポリテクニクを卒業し（1818年），のちに同校の力学の教授になった人物である．

　パリ＝サンジェルマン間の鉄道敷設において，勾配1/200の坂が18 kmにも及ぶ難所を運行する蒸気機関車の設計を，クラペイロンは自ら引き受け開通させた．この設計のさなかに，カルノーの熱機関理論の真価を発見し，その偉大さを強く認識した．

　クラペイロンは10年間埋もれていたカルノーの著作「火の動力およびこの動力の発生に適した機関についての考察」（6.1節）について，その内容の一部を数式で表し論文としてまとめ，1834年母校エコール・ポリテクニクの研究論文誌に発表した．そのタイトルは「熱の動力についての覚書」というものである．

　この論文はフランス語で書かれていたが，1843年ドイツの学術論文誌に翻訳掲載され，一躍認識されるにいたった．

　この論文の中で，ワットが蒸気機関の性能を調べるために用いたインジケータ線図をヒントに，作業物質（水蒸気）の体積Vを横軸に，圧力pを縦軸にとり，作業物質の状態をp-Vグラフで表現した（たとえば図3.3）．このグラフは循環する形になっており，この中に等温膨張などの過程を書き入れた．これは現在カルノーサイクル（Carnot cycle）と呼ばれており，クラペイロンが編み出した作図である．

　クラペイロンは理論と実践をあわせ持つ，まさしく産業革命期に現れるべくして現れた技術者・学者であった．

　クラペイロンの熱力学への功績として，熱素説の立場から導かれたクラペイロンの式（1834年），のちに，クラウジウスが熱の運動説（エネルギー説）の立場から導き出したクラペイロン-クラウジウスの式（Clapeyron-Clausius' equation)（4.4 節）などがある（6.7 節）．

6.3 熱のエネルギー説の提唱者：ランフォード伯

「熱は物質であるとする熱素説は誤りである」と，実験的裏づけをもって論じたランフォード伯という人物がいた．"カルノー"より前の年代にさかのぼる．

ランフォード伯（Graf von Rumford, 1753～1814）は本名を Benjamin Thompson といい，植民地アメリカ生まれのイギリス人物理学者・軍人である[*1]．

彼はバイエルン陸軍の砲兵総監を務め，ミュンヘン滞在中，砲身の中ぐり（穿孔）作業中に大量の熱が発生することに注目した．砲身と削りくずの合計重量は不変であったので，「熱は摩擦によって発生したもので，運動の一つの形態であり物質ではない」と主張し，熱素説を否定，このことをイギリスの学会である王立協会で 1798 年に発表した．注目点は無限ともいえる熱が発生することである．物質が無限につくられることはありえない．

さらに，力学的仕事と発生熱量との間に密接な関係があることをも見出していた．つまり，後年明らかにされる熱の仕事当量に相当することがらを調べていたのである．後述するマイヤー，ジュール，ヘルムホルツのエネルギー保存則の創始者 3 名に先立つ功績であり，熱運動説とエネルギー概念確立の先駆をなした．

当時，熱素説（caloric theory, カロリック説）はドルトン（John Dalton, 1766～1844）による気体研究の基盤になっており，その強大な権威が学会を支配していた[*2]．これに反論し，覆すためには物理学的精密な実験データと論理的考えが不可欠であった．

これまでにも「熱は物質粒子の運動である[*3]」といった説はあるにはあったが，いずれも単に考察を述べたに過ぎず，実験によって裏づけられたものではなかった．熱が運動の一形態であると一般に認められたのは，1850 年代に入ってからである．

[*1) バイエルン王室に仕え（1784 年），軍務大臣・内務大臣として軍隊の改組や社会的改革を行った．この功績により 1793 年伯爵に叙せられ，ランフォード伯と名のった．
[*2) A. L. ラボアジェ（1743～1794）による元素分類表によると，カロリック（熱素）が元素の 1 つに挙げられている．
[*3) 当時，エネルギーという言葉ではなく，これと同じ内容のことを"運動"とか"力"と呼んでいた．

6.4 エネルギー保存則の最初の提唱者：マイヤー

"エネルギーは不滅である". エネルギー保存の法則を初めて提唱したドイツの医者・物理学者マイヤー（Julius Robert von Mayer, 1814～1878）の発表である.

チュービンゲン大学で医学を修め開業医となり，1840年，オランダ商船の内科医としてジャワ島（当時，オランダ領インドネシア）へ航海，この船舶の中で，船員の静脈の血液の色を観察したところ，熱帯に入ると普通よりも赤色に変わることに気がついた.

ラボアジェ（Antoine Laurent Lavoisier, 1743～1794）による「動物の体温は栄養素の酸化によって保たれる」という論説と上記の観察から，次のように推論した. すなわち，体温を保持するために寒冷地や温帯より熱帯の方が酸素消費量は少なく，それゆえ，血中酸素濃度は高く鮮明な赤色を呈する. 静脈血と動脈血の色の差は，体温と外界の温度の差に比例するとした.

さらに，炭水化物と脂肪の酸化が熱と活力の源泉であるとするリービッヒ（Justus Freiherr von Liebig, 1803～1873）の説に基づき，酸素消費量は発熱量に対応し，また，活力という力学的仕事に対応している. つまり，「熱は力学的仕事と等価である」という考えに至ったのである（1840年）.

化学で質量保存が成り立つのと同様に，物理学においては力の保存が成り立ち，衝突の過程で失われた運動は熱に変換されることを述べた. これらのことをまとめ，論文「非生物界の力に関する考察」を1842年に，リービッヒが編集していた「化学薬学年報」に発表した. この中に，マイヤーは熱の仕事当量を，1 cal＝365 g·m[*1]と求めている.

ここに自然界における力の不滅性ならびに熱・運動・電気・化学反応などの各々の力[*2]の相互変換性が初めて論述されたのである.

エネルギー保存則はマイヤーの提唱から始まり，ジュールの精密実験（6.5節），ヘルムホルツの理論的基礎づけ（6.6節）によって，つまりこの3名によって確立されたといえる.

[*1] 現在の熱の仕事当量：$1\,\mathrm{cal_{th}}$（熱化学カロリー）＝$4.184\,\mathrm{J}$（ジュール）.

[*2] 当時，エネルギーという概念が確立されていなかったので，ここでの"力"はこんにちの仕事つまりエネルギーをも意味していた.

6.5　熱と力学的仕事との等価性：ジュールの精密実験

　イギリスの物理学者ジュール（James Prescott Joule, 1818～1889）は，熱の仕事当量を実験によって精密に求め，マイヤーが主張していたエネルギー保存則の意義を解明し，この法則の建設者の一人とされる．

　ジュールは裕福な醸造業の家に生まれたが，病気がちであったため，初期の教育は家庭で受けた．当時70歳前後であった化学者ドルトン（J. Dalton）に16歳のときから4年間数学・物理・化学の手ほどきを受け，自然科学の素養を身につけた．

　発明されたばかりの電磁石に強く興味を持ち，自宅内の実験室で，電磁的な動力の研究を行った．電流が導線を流れると熱が発生することに注目，こんにちジュールの法則（Joule's law）として知られる法則を発見し（1840年），これを王立協会で発表したのである．

　次に，熱と力学的仕事は等価であることを証明するための実験にとりかかった．おもりの落下によって水中の羽根車を回転させ，その水の温度の上昇を測定した．おもりの落下距離と発熱量は比例関係にあることを突き止め，熱の仕事当量を決定した（1843年）．838フィート・ポンドの仕事＝1ポンドの水を1°F（カ氏）上昇させる熱量であった．再現性のある高度な実験技術であった．

　動力の消費は必ずそれに相当する効果を発生させるが，この効果には力学的仕事と熱の発生の両方を含めなければならないとした．エネルギーの相互変換性を立証している．また，熱素というようなものは存在しないとした．

　さらに，熱の仕事当量を別の実験からも，すなわち，導線での発熱量を発電機を動かす機械的仕事と関係づけることによって測定していたのである．

　W. トムソン（6.8節）は，ジュールの実験をエネルギー保存則確立の上で重大な功績として評価した（1847年）．ジュールは1852年，トムソンとの共同研究の成果であるジュール–トムソン効果（2.7.3項）を発見している．ジュールはその後35年間にわたって熱の仕事当量の精密測定を続けたといわれる．

　今日のエネルギー・仕事・熱量に対するSI単位[*]での名称は，ジュール（joule）であり（記号はJ），これはJ. P. Jouleの名にちなむ．

---

[*] SI単位：Le Système International d'Unités，国際単位系

6.6 自由エネルギーを定めたヘルムホルツおよびエネルギー保存則の定式化

　ヘルムホルツ（Hermann Ludwig Ferdinand von Helmholtz, 1821～1894）はドイツの生理学者・物理学者で，エネルギー保存則建設者の一人として重要な存在である．また，**自由エネルギー**を初めて設定した．

　父の勧めどおり，ベルリンのフリードリッヒ・ウイルヘルム医科大学に 17 歳で入学した（1838 年）．8 年間の軍医義務のある奨学金給費学生であった．博士論文（1842 年）は，神経線維と神経細胞の関係を顕微鏡観察から種々発見し論じたもので，この内容は神経系の生理学と病理学の組織学的基盤となった．1842 年の卒業と同時にベルリンの慈善病院に勤務，ついで 1843 年から 5 年間近衛騎兵連隊の軍医を務め，医師としての仕事のかたわら生理学の研究を進めた．

　1847 年 26 歳のヘルムホルツは，筋肉の運動と熱の発生の研究から発想したとされる論文「力の保存について」をベルリンの物理学会で発表，エネルギー保存則が自然界のすべての領域に当てはまることを示唆した．

　熱の物質説を排し，運動説つまりエネルギー説を主張し，力学・熱・電気・化学のエネルギーの相互関係を包括的に論じている．より普遍的原理として，自然現象の諸過程において，力学的エネルギーを活力（運動エネルギー）と張力（位置エネルギー）との和とし，これが保存されることを表した．マイヤーが 1842 年に同趣旨の論文を発表していたのであるが，ヘルムホルツの説は，エネルギー保存則の数学的定式化を行い一般化したところに特徴があった．

　1877 年に熱力学の理論を化学の分野へ，すなわち熱化学および電気化学へ適用したことは斬新なことであった．1882 年の論文「化学過程の熱力学」の中で"自由エネルギー"を設定した．現在，ヘルムホルツ自由エネルギー（Helmholtz's free energy）あるいは簡単にヘルムホルツエネルギー（3.6 節）と呼ばれている．

　経歴を振り返ると，1849 年ケーニッヒスベルク大学，1855 年ボン大学，1858 年ハイデルベルク大学ともに生理学教授，1871 年ベルリン大学物理学教授，1877 年にはベルリン大学総長に就任した．

　医学や生理学の研究を物理学的背景のもとに発展させ，数々の業績（音響生理

学，生理光学，電気力学，流体の渦巻き理論，視覚に関する三原色説，検眼鏡の発明ほか）を残したヘルムホルツは，研究領域の幅の広さと質の高さで，19世紀最大級の一人とみなされている．1882年，貴族に列せられた．

6.7　エントロピーの提唱者：クラウジウス

　クラウジウス（Rudolf Julius Emanuel Clausius, 1822～1888）はドイツの理論物理学者で，熱力学と気体運動論の主要な建設者として知られる．現在いわれる**熱力学第二法則**を樹立し，**エントロピー**（entropy）の概念を導き出し，熱力学理論の確立に不滅の功績を残した．

　1844年ベルリン大学卒業，ハレ大学で学位取得（1848年），ベルリンの砲兵学校の教師を経て，新設のチューリヒ工科大学数理物理学教授（1855年），ビュルツブルク大学教授（1867年），1869年以降，生涯ボン大学の物理学教授をつとめた．

　1850年に「熱の動力およびそれから導かれる熱学法則について」と題する論文を発表，熱と力学的仕事は互いに変換されうること，これらには一定の関係があることなどを論述し，内部エネルギーという概念を導入し，カルノーの定理（6.1節）をもとに，熱を力学的過程とする熱理論を展開した．

　この論文の中でマイヤー，ジュール，ヘルムホルツら3名が打ち立てたエネルギー保存則を支持し，ジュールの精密実験に基づかれた熱と仕事の等価性の原理を，化学的エネルギーおよび電気的エネルギーにまで拡張した．これを1854年発表の論文の中で「力学的熱理論の第一法則」と名づけた．現在の**熱力学第一法則**に相当する．

　温度差によって動力を取り出せるとするカルノーの考えは，熱素説に基づいている．熱の運動説によると，温度差がなくても熱源さえあれば熱を動力に転換できることになる．この運動説において，1850年の上記論文の中で「熱が高温物体から低温物体に他の何らの変化も残さずに移動する過程は不可逆である」と表現し，定式化したのである．これを1854年の上と同じ論文の中で「力学的熱理論の第二法則」と名づけた．現在の熱力学第二法則に相当する．

　1865年，"力学的熱理論における基本方程式について"と題する発表において，エントロピーという言葉が初めて使われた．クラウジウスは，ギリシャ語の

トロピー（変換を意味する）とエネルギーの En を組み合わせてエントロピーという言葉をつくった．

カルノー理論の中においてエントロピーという概念を樹立し，宇宙のエネルギーは一定であり，宇宙のエントロピーはある最大値に向かって増大するという自然界の進行する方向を示した．不可逆性の度合いを表すためにはエントロピーという物理量が有用であり，孤立系の可逆変化においてはエントロピーは不変であるが，不可逆変化においては必ず増大することを論じた．

物質の状態変化に対するクラウジウス-クラペイロンの式（Clausius-Clapeyron's equation）[*1]（4.4節），気体運動論での平均自由行路の概念の導入（1858年），ビリアルの概念（1.3.3項）の導入（1870年），誘電体ではクラウジウス-モソッテイの式など，クラウジウスの功績は多岐にわたる．

6.8　絶対温度の提唱者：ケルビン卿

ケルビン卿（Lord Kelvin, 1824〜1907）は本名を William Thomson といい，イギリスの物理学者である．

父はグラスゴー大学の数学教授であったため，子どものころから数学の手ほどきを受けた．グラスゴー大学，ケンブリッジ大学を卒業（1845年），フランスに留学し，ルニョー（H. V. Regnault）の精密測定を重視した実験物理学の影響を強く受けた．帰国した1846年，22歳でグラスゴー大学の物理学教授となり，その後の1904年には同大学総長となっている．

カルノー理論の中で，ケルビン卿は1848年，絶対温度目盛が必要であるとの認識に至り，**絶対温度**（absolute temperature）を樹立した[*2]．この名称は彼の命名による．現在，この温度はケルビン温度（Kelvin temperature）とも熱力学的温度（thermodynamic temperature）ともいわれる[*3]．

この温度は絶対零度から始まる目盛付けをもち，この絶対零度は熱力学的に考えられた最も低い温度であり，分子の熱運動は基本的にこの温度で完全に停止す

[*1] クラペイロン-クラウジウスの式ともいう（6.2節）．
[*2] カルノー機関の熱効率は高低熱源の温度だけで決まるというこの温度は，経験温度であった．ケルビン卿は，この熱効率の関係式に関連して，"絶対温度"という明確な基準となる温度を導き出したのである．
[*3] 絶対温度のSI単位の名称 "ケルビン, kelvin（記号はK）" は Lord Kelvin にちなむ．

るものと考えられる．絶対温度目盛には負の値は存在しない．すなわち，絶対零度とは，その温度の物質から如何なるエネルギーをも取り出すことができない温度である．

　ケルビン卿はカルノー理論の中で，熱力学第二法則の一つの内容表現を，1850年発表のクラウジウス（6.7節）とは独立に，1851年に打ち出した．すなわち，「熱源から熱を吸収して，他に何の変化も残さずにそれをすべて仕事に変換することはできない」（トムソンの法則）と表現した．また，1852年には，エネルギーは散逸する傾向をもつと論じた．クラウジウスと相前後して，ケルビン卿も熱力学第二法則の定式化に寄与したのである．

　ケルビン卿は熱を仕事と同等なものであるとし，ジュールの熱の仕事当量（6.5節）は重要であるとした．ジュールと長く協力して，ジュール-トムソン効果（Joule-Thomson effect）（2.7.3項）を発見している（1852年）．

　53年間という長期にわたってグラスゴー大学の教授をつとめ，その間の研究は，理論・実験・工業技術と広範囲にわたる．熱理論はもとより，電磁気学に優れた業績を残した．電磁力線の概念の提示，誘電体のヒステリシス現象の発見，固体内における熱伝導と電気伝導との関連研究，電流天秤の研究，海底電信の研究を手がけ，その受信装置のための鏡式電流計を発明，羅針盤の改良など多岐にわたる．

　数々の優れた業績によって，1892年貴族に列せられ，ケルビン卿と名のった．ケルビンとは，グラスゴー大学のほとりを流れる小川の名である．

6.9　エンタルピーおよび熱力学ポテンシャルの提唱者：ギブズ

　ギブズ（Josiah Willard Gibbs, 1839～1903）はアメリカの理論物理学者・理論化学者である．熱力学ポテンシャル，エンタルピー，相律の概念を提唱し，アンサンブル概念に基づく統計力学の基礎をつくりあげた．

　1858年にエール大学を卒業，1866年から，パリ，ベルリン，ハイデルベルクに留学，数学・物理の素養を深めた．1869年アメリカに帰国，1871年から生涯エール大学の数理物理学教授の地位にあった．

　1873年，熱力学の研究を開始，その頃は，エネルギーの相互変換性とエネルギー保存則が確立されており，エネルギー散逸の法則（ケルビン卿），エントロ

ピー増大の法則（クラウジウス）が提起されていた．

　ギブズは熱力学の理論を発展させ，それを体系化・定式化することに専念していた．均質な系中での熱力学に関する2編の論文を発表し，次いで1876年，不均質系へ熱力学を適用し，多成分多相系の平衡についての論文「不均一物質系の平衡について」をアメリカ・コネチカット州芸術科学アカデミー会報に発表したが，地方の論文誌であったために目にとまらず，オストワルト（F. W. Ostwald）が1892年ドイツ語に翻訳して広く認められるようになった．この中で，エンタルピー，熱力学ポテンシャル（現在のギブズ自由エネルギー（Gibbs' free energy）あるいは簡単にギブズエネルギー（3.6節）と呼ばれるものに相当する），化学ポテンシャルの概念を提起，これらを用いて平衡条件などを論じた．この論文の中で，不均一混合系の化学平衡は各成分物質に対する化学ポテンシャルが等しいときに成立することが示され，そこから相律（phase rule）（4.3節）という新しい概念が提起された．

　相律は特に金属結晶学にとって，さらに，現実の工業とりわけ金属・ガラス・化学工業に実用的価値として大きな存在となった．

　ギブズは統計力学の研究にも早くから着手しており，経験的に確立された熱力学を統計力学によって基礎づけようとしていた．1902年にいたって論文「統計力学の基礎原理」を発表，この中で，アンサンブル概念を導入した統計力学の理論体系の基礎を与えた．

　熱力学はその後，ネルンスト-プランクの定理ともいわれる熱力学第三法則（3.5.1項）の確立，さらに統計熱力学（第5章），不可逆過程の熱力学などへと進展している．

付　　　録

楽しく遊ぼう熱力学

　熱力学を一通り勉強したけど…
・何かあいまい
・問題が解けない
・熱力学の式の使い方がわからない
という読者もいると思う．そこで，この付録で熱力学式の変形の意味と使い方を分かりやすく解説する．

　まずは偏微分係数（偏導関数）が熱力学理解のキーである．偏微分係数は実際に行う実験や試験問題を表している
　たとえば，
$$\left(\frac{\partial G}{\partial p}\right)_T$$
は，温度 T 一定で圧力 p を変えたとき，ギブズエネルギー G がどれだけ変化するかを調べる実験を表している．かっこの下付きの T は温度一定の実験条件を示す．一般に偏微分係数でかっこの下付きのところは，一定にすべき実験条件である．

　物理化学（熱力学）の問題を解くとき，問題を一度偏微分係数で表してから解くとわかりやすい．

【例題1】　温度 25℃ 一定で，2 mol の理想気体の体積を 2 dm^3 から 5 dm^3 に膨張させたときのエントロピー変化 ΔS を求めよ．
解答　温度一定で体積を変えるときのエントロピー変化だから，これを偏微分係数で表すと，
$$\left(\frac{\partial S}{\partial V}\right)_T$$

となる．これはマクスウェルの関係式の一つ

$$\left(\frac{\partial S}{\partial V}\right)_T = \left(\frac{\partial p}{\partial T}\right)_V$$

の左辺である．理想気体の状態方程式から得られる $p=nRT/V$ を V 一定で T で微分すると

$$\left(\frac{\partial p}{\partial T}\right)_V = \frac{nR}{V}$$

なので，

$$\left(\frac{\partial S}{\partial V}\right)_T = \frac{nR}{V}$$

となる．この式を変数分離すると，

$$dS = \left(\frac{nRT}{V}\right)dV$$

となる．そこで，V が $2\,\mathrm{dm}^3$ から $5\,\mathrm{dm}^3$ に膨張したときエントロピーは S_2 から S_5 に変わるとして定積分すると

$$\int_{S_2}^{S_5} dS = \int_{2\,\mathrm{dm}^3}^{5\,\mathrm{dm}^3} \frac{nR}{V} dV = nR \int_{2\,\mathrm{dm}^3}^{5\,\mathrm{dm}^3} d\ln V = nR \ln \frac{5\,\mathrm{dm}^3}{2\,\mathrm{dm}^3}$$

$$\therefore S_5 - S_2 = \Delta S = nR \ln \frac{5}{2} = 2\,\mathrm{mol} \times 8.314\,\mathrm{JK^{-1}mol^{-1}} \times \ln 2.5 = 15.24\,\mathrm{JK^{-1}}$$

が得られる．

したがって，気体が膨張するとエントロピーは増大することがわかる．

熱力学で式を変形していく目的は，測定しづらい物理量を測定しやすい物理量に変えることである．

【例題2】 温度25℃一定で，5 mol の窒素ガスを $1\times 10^5\,\mathrm{Pa}$ から $150\times 10^5\,\mathrm{Pa}$ に圧縮したときのギブズエネルギー変化 ΔG を求めよ．ただし，窒素ガスを理想気体とみなす．

解答 温度 T 一定で圧力 p を変えるときのギブズエネルギー G の変化なので，偏微分係数で表すと，

$$\left(\frac{\partial G}{\partial p}\right)_T$$

となる．この偏微分係数が何であるかを知りたい．そこで，G が関係する式

$$dG = Vdp - SdT$$

を温度 T 一定で dp で割ると,

$$\left(\frac{\partial G}{\partial p}\right)_T = V$$

が得られる．この式を変数分離すると，$dG = Vdp$ となる．ここで，圧力が 1×10^5 Pa から 150×10^5 Pa まで変わるとき，ギブズエネルギーが G_1 から G_{150} に変わったとして定積分すると,

$$\int_{G_1}^{G_{150}} dG = \int_{1\times 10^5 \text{ Pa}}^{150\times 10^5 \text{ Pa}} V dp$$

また，理想気体の体積は $V = nRT/p$ なので，上の式に代入し，整理すると,

$$G_{150} - G_1 = \Delta G = \int_{1\times 10^5 \text{ Pa}}^{150\times 10^5 \text{ Pa}} \frac{nRT}{p} dp = nRT \int_{1\times 10^5 \text{ Pa}}^{150\times 10^5 \text{ Pa}} d\ln p = nRT [\ln p]_{1\times 10^5 \text{ Pa}}^{150\times 10^5 \text{ Pa}}$$

$$= 5 \text{ mol} \times 8.314 \text{ JK}^{-1} \text{ mol}^{-1} \times 298.1 \text{ K} \times \ln 150 = 107.0 \text{ kJ}$$

したがって，気体を圧縮するとギブズエネルギーが増加し，系は不安定になり，仕事をする能力が増す．

全微分と偏微分係数の関係

ここで，図に示すように，ゴム風船に入っているような気体を考えよう．気体の圧力 p は体積 V と温度 T で決まるので，V と T の関数である．すなわち，$p = f(V, T)$ で表され，この全微分をとると

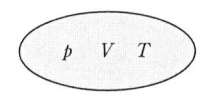

$$dp = \left(\frac{\partial p}{\partial V}\right)_T dV + \left(\frac{\partial p}{\partial T}\right)_V dT$$

が得られる．この全微分の式は，体積が dV，温度が dT 変わったとき，全体の圧力 p はどれだけ変わるかを意味している．偏微分係数 $(\partial p/\partial V)_T$ と $(\partial p/\partial T)_V$ はそれぞれ別々に実験で求まる．

たとえば，$(\partial p/\partial V)_T$ は温度 T 一定で体積 V を変えたときの圧力 p の変化を調べる実験である．
実験に用いる温度計と圧力計のついた装置を図1に示す．

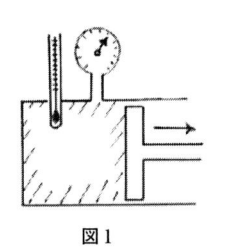

（例）　温度一定で体積が 2 dm^3 増したとき，圧力が 4×10^5 Pa だけ減少したとする（もちろんこんな極端なこと

図1

は起こり得ないが，わかりやすくするため）．この測定で得られる偏微分係数は

$$\left(\frac{\partial p}{\partial V}\right)_T = \frac{-4\times10^5\,\mathrm{Pa}}{2\,\mathrm{dm}^3} = -\frac{2\times10^5\,\mathrm{Pa}}{\mathrm{dm}^3}$$

である．すなわち，体積増加 $1\,\mathrm{dm}^3$ 当たり $2\times10^5\,\mathrm{Pa}$ だけ圧力が減少することがわかる．ここで，実際に増加した体積 $\mathrm{d}V$ を $5\,\mathrm{dm}^3$ とすると，この体積増加による圧力変化は

$$\left(\frac{\partial p}{\partial V}\right)_T \times \mathrm{d}V = -\frac{2\times10^5\,\mathrm{Pa}}{\mathrm{dm}^3} \times 5\,\mathrm{dm}^3 = -10\times10^5\,\mathrm{Pa}$$

になる．

また，$(\partial p/\partial T)_V$ は体積 V が一定で，温度 T を変えるときの圧力 p の変化を求める実験である．図2の温度計と圧力計が付いた丈夫で体積が変化しない容器が実験装置である．

たとえば，体積 V 一定で温度 T が $5°\mathrm{C}$（$5\,\mathrm{K}$）上昇したとき，圧力が $15\times10^5\,\mathrm{Pa}$ 増加したとすると偏微分係数は

$$\left(\frac{\partial p}{\partial T}\right)_V = \frac{15\times10^5\,\mathrm{Pa}}{5\,\mathrm{K}} = \frac{3\times10^5\,\mathrm{Pa}}{\mathrm{K}}$$

図2

となる．すなわち，$1\,\mathrm{K}$ の温度上昇で $3\times10^5\,\mathrm{Pa}$ だけ圧力が増加することがわかる．そこで，実際に上昇した温度 $\mathrm{d}T$ を $20°\mathrm{C}$（$20\,\mathrm{K}$）とすれば，この温度上昇による圧力増加は

$$\left(\frac{\partial p}{\partial T}\right)_V \times \mathrm{d}T = \frac{3\times10^5\,\mathrm{Pa}}{\mathrm{K}} \times 20\,\mathrm{K} = 60\times10^5\,\mathrm{Pa}$$

となる．

したがって，もし，体積が $5\,\mathrm{dm}^3$ 増し，同時に温度が $20°\mathrm{C}$（$20\,\mathrm{K}$）増加したとき，全体としての圧力変化 $\mathrm{d}p$ は

$$\mathrm{d}p = \left(\frac{\partial p}{\partial V}\right)_T \mathrm{d}V + \left(\frac{\partial p}{\partial T}\right)_V \mathrm{d}T = -10\times10^5\,\mathrm{Pa} + 60\times10^5\,\mathrm{Pa} = 50\times10^5\,\mathrm{Pa}$$

である．

ところで，これらの実験のとき，装置のどこかに穴があいていて気体が出入りすると，実験は全く意味がないものになる．すなわち，暗黙のうちに，物質量（分子数）一定が実験条件に入っている．

したがって，圧力 p は，本来，体積 V，温度 T のほかに物質量 n の関数 $p = f(V, T, n)$ である．

そこで，全微分をとると

$$dp = \left(\frac{\partial p}{\partial V}\right)_{T,n} dV + \left(\frac{\partial p}{\partial T}\right)_{V,n} dT + \left(\frac{\partial p}{\partial n}\right)_{V,T} dn$$

となる．ここでの偏微分係数

$$\left(\frac{\partial p}{\partial n}\right)_{V,T}$$

は体積 V と温度 T を一定にしておき，物質量 n を変化させたときの圧力 p の変化を調べる実験である．実験装置は図3のように温度計と圧力計を持つ丈夫な容器に外部から物質を注入できるようにしてある．物質の注入で 1 mol 当たり圧力がどの程度増加するかを調べるのである．

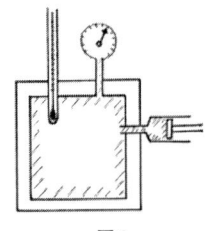

図3

演習問題解答

【第 1 章】

1.1 式 (1.6) より $p_1 V_1 / T_1 = p_2 V_2 / T_2$ であるから，$p_1 = 8.10 \times 10^5$ Pa, $p_2 = 1.01 \times 10^5$ Pa, $T_1 = 278$ K, $T_2 = 298$ K, $V_1 = 2.5 \times 10^{-3}$ dm^3 とすると海面の泡の体積 (V_2) は

$$V_2 = \frac{p_1 V_1}{T_1} \times \frac{T_2}{p_2}$$

より

$$V_2 = \frac{8.10 \times 10^5 \text{ Pa} \times 2.5 \times 10^{-3} \text{ dm}^3}{278 \text{ K}} \times \frac{298 \text{ K}}{1.01 \times 10^5 \text{ Pa}} = 2.15 \times 10^{-2} \text{ dm}^3$$

1.2 各気体の物質量

$n_{Ne} = 0.5$ mol, $n_{Ar} = 2.0$ mol, $n_{N_2} = 0.75$ mol

各気体のモル分率

$x_{Ne} = \dfrac{0.5}{3.25} = 0.15$, $x_{Ar} = \dfrac{2.0}{3.25} = 0.62$, $x_{N_2} = \dfrac{0.75}{3.25} = 0.23$

各気体の分圧

$p_{Ne} = 0.15 \times 2.5 \times 10^5$ Pa $= 3.75 \times 10^4$ Pa

$p_{Ar} = 0.62 \times 2.5 \times 10^5$ Pa $= 1.55 \times 10^5$ Pa

$p_{N_2} = 0.23 \times 2.5 \times 10^5$ Pa $= 5.75 \times 10^4$ Pa

1.3

$2NH_3 \longrightarrow N_2 + 3H_2$

$p_{N_2} = \dfrac{1}{4} \times 1.15 \times 10^5$ Pa $= 2.88 \times 10^4$ Pa

$p_{H_2} = \dfrac{3}{4} \times 1.15 \times 10^5$ Pa $= 8.63 \times 10^4$ Pa

1.4 酸素を含まない系では銅は塩酸と反応しないから，反応式

$Zn + 2 HCl \longrightarrow ZnCl_2 + H_2$

において，6.5 g の合金から発生する水素の物質量 (n) は

$$n = \frac{1.10 \times 10^5 \text{ Pa} \times 1.5 \times 10^{-3} \text{ m}^3}{8.314 \text{ J K}^{-1} \text{ mol}^{-1} \times 298 \text{ K}} = 6.7 \times 10^{-2} \text{ mol}$$

6.5 g の亜鉛から発生する水素は 0.1 mol であるから，合金中の亜鉛の含有量は

$$\frac{6.7\times 10^{-2} \text{ mol}}{0.1 \text{ mol}}\times 100 = 67\%$$

となる．

1.5

(1) $p = \dfrac{3.0 \text{ mol}\times 8.314 \text{ JK}^{-1}\text{ mol}^{-1}\times 333 \text{ K}}{5.0\times 10^{-3} \text{ m}^3}$

$\quad = 1.66\times 10^6 \text{ Pa}$

(2) $p = \dfrac{nRT}{V-nb} - \dfrac{n^2 a}{V^2}$，表 1.4 より， $\begin{cases} a = 0.359 \text{ Pa m}^6\text{ mol}^{-2} \\ b = 0.0427 \text{ dm}^3\text{ mol}^{-1} \end{cases}$ であるから

$p = \dfrac{(3.0 \text{ mol})(8.314 \text{ JK}^{-1}\text{ mol}^{-1})(333 \text{ K})}{5.0\times 10^{-3} \text{ m}^3 - (3.0 \text{ mol})(0.0427\times 10^{-3} \text{ m}^3\text{ mol}^{-1})} - \dfrac{(3.0 \text{ mol})^2\times 0.359 \text{ Pa m}^6\text{ mol}^{-2}}{(5.0\times 10^{-3} \text{ m}^3)^2}$

$\quad = 1.70\times 10^6 \text{ Pa} - 1.29\times 10^5 \text{ Pa}$

$\quad = 1.57\times 10^6 \text{ Pa}$

1.6 式（1.16）を以下のように変形することができるので

$$p = \frac{RT}{V_m - b} - \frac{a}{V_m^2} = \frac{RT}{V_m}\left(1 - \frac{b}{V_m}\right)^{-1} - \frac{a}{V_m^2}$$

$$= \frac{RT}{V_m}\left(1 + \frac{b}{V_m} + \frac{b^2}{V_m^2} + \cdots\right) - \frac{a}{V_m^2} \qquad \begin{pmatrix} x\ll 1 \text{ のとき} \\ (1-x)^{-1} = 1 + x + x^2 + \cdots \end{pmatrix}$$

$$= \frac{RT}{V_m}\left\{1 + \left(b - \frac{a}{RT}\right)\frac{1}{V_m} + \frac{b^2}{V_m^2} + \cdots\right\}$$

書き直すと

$$\frac{pV_m}{RT} = 1 + \left(b - \frac{a}{RT}\right)\frac{1}{V_m} + \frac{b^2}{V_m^2} + \cdots$$

よって第二ビリアル係数は

$$b - \frac{a}{RT}$$

となる．ここで第二ビリアル係数を零とおくと $T = a/Rb$ となる．この温度をボイル温度と呼び，ファン・デル・ワールス定数だけで決まる温度である．

1.7 $p_r = \dfrac{p}{p_c}, \ V_r = \dfrac{V_m}{V_c}, \ T_r = \dfrac{T}{T_c}$ より

$\quad p = p_r p_c, \ V_m = V_r V_c, \ T = T_r T_c$

ここで，$b = V_c/3$（式（1.21））より，

$\quad a = 27 p_c b^2 = 3 p_c V_c^2$

また，

$$R = \frac{8a}{27 T_c b} = \frac{8 p_c V_c}{3 T_c}$$

これらを式（1.16）に代入すると

演習問題解答

$$\left(p_r p_c + \frac{3p_c V_c{}^2}{V_c{}^2 V_r{}^2}\right)\left(V_c V_r - \frac{V_c}{3}\right) = \frac{8}{3} p_c V_c T_r$$

よって

$$p_c V_c \left(p_r + \frac{3}{V_r{}^2}\right)\left(V_r - \frac{1}{3}\right) = \frac{8}{3} p_c V_c T_r$$

したがって

$$\left(p_r + \frac{3}{V_r{}^2}\right)\left(V_r - \frac{1}{3}\right) = \frac{8}{3} T_r \quad (証明終り)$$

この式は物質固有の定数を一切含まない式であり，気体の種類に関係なく成立する（相応状態の原理）．

【第2章】

2.1 20 g のヘリウムは 5 mol であるから，式 (2.30) より

$$q_\mathrm{rev} = nRT \ln \frac{V_1}{V_2}$$

$$= 5\,\mathrm{mol} \times 8.314\,\mathrm{JK^{-1}\,mol^{-1}} \times 298\,\mathrm{K} \ln \frac{100}{20}$$

$$= 19.9\,\mathrm{kJ}$$

2.2 90 g の水は 5 mol である．式 (2.7) より

$$w_\mathrm{rev} = -p\int_{V_1}^{V_\mathrm{g}} dV = -p(V_g - V_\ell) \fallingdotseq -pV_g \,(V_g \gg V_\ell)$$

水蒸気を理想気体と仮定すれば

$$pV_g = 5\,\mathrm{mol} \times 8.314\,\mathrm{JK^{-1}\,mol^{-1}} \times 373\,\mathrm{K}$$

$$= 15.5\,\mathrm{kJ}$$

2.3 アルゴンの物質量は 2 mol である．式 (2.35) より

$$\ln \frac{T_2}{T_1} = \ln \left(\frac{V_1}{V_2}\right)^{\frac{nR}{C_V}}$$

よって

$$\frac{T_2}{T_1} = \left(\frac{V_1}{V_2}\right)^{\frac{nR}{C_V}}$$

となるから，求める温度（T_2）は

$$T_2 = 373\,\mathrm{K} \times \left(\frac{5}{20}\right)^{\frac{2}{3}}$$

$$\log T_2 = \log 373\,\mathrm{K} + \frac{2}{3} \log \frac{5}{20} = 2.17$$

$$\therefore T_2 = 147.9\,\mathrm{K}$$

2.4 式 (2.44) より

$$\Delta H = \Delta U + (\Delta n)RT$$
$$(\Delta n) = 2 - (2+1) = -1 \text{ mol}$$

よって

$$\Delta U = \Delta H - (\Delta n)RT$$
$$= -566.0 \text{ kJ mol}^{-1} + 8.314 \text{ JK}^{-1}\text{mol}^{-1} \times 298 \text{ K} \times 10^{-3}$$
$$= -563.5 \text{ kJ mol}^{-1}$$

2.5 150 ℃，2 mol のヘリウムの体積 (V_1) は

$$10^5 \text{ Pa} \times V_1 = 2 \text{ mol} \times 8.314 \text{ JK}^{-1} \text{ mol}^{-1} \times 423 \text{ K}$$

$$\therefore V_1 = \frac{7.03 \times 10^3 \text{ J}}{10^5 \text{ Pa}} = 0.00703 \text{ m}^3$$
$$= 70.3 \text{ dm}^3 \quad (\text{J} = \text{Pa m}^3)$$

圧縮後の体積を V_2 とすると

$$p_1 V_1^\gamma = p_2 V_2^\gamma$$

より

$$V_2^\gamma = \frac{p_1 V_1^\gamma}{p_2}$$

$$V_2^{1.67} = \frac{10^5 \text{ Pa} \times 70.3 \text{ dm}^3}{2 \times 10^5 \text{ Pa}}$$

よって

$$V_2 = 46.4 \text{ dm}^3$$

また

$$\frac{T_2}{T_1} = \left(\frac{V_1}{V_2}\right)^{\gamma-1} \text{ より}$$

$$T_2 \text{（圧縮後の温度）} = T_1 \left(\frac{V_1}{V_2}\right)^{0.67}$$
$$= 423 \text{ K} \times \left(\frac{70.3}{46.4}\right)^{0.67}$$
$$= 558.8 \text{ K}$$

2.6 $\Delta H = H_{773} - H_{573}$　単位を省略して計算する．

$$= \int_{573}^{773} (44.2 + 8.79 \times 10^{-3})T - (8.62 \times 10^5 T^{-2}) \mathrm{d}T$$

$$= \left[44.2T + \frac{8.79 \times 10^{-3}}{2} T^2 + 8.62 \times 10^5 \frac{1}{T} \right]_{573}^{773}$$

$$= 44.2 \times (773 - 573) + \frac{8.79 \times 10^{-3}}{2}(773^2 - 573^2) + 8.62 \times 10^5 \left(\frac{1}{773} - \frac{1}{573}\right)$$

$$= 8840 + \frac{8.79}{2} \times 269.2 - 389.2$$

$$= 8840 + 1183.1 - 389.2$$
$$= 9633.9 \text{ (J)}$$

2.7 単位を省略して計算する．

$$\Delta H = 2\int (30.0 + 4.18\times 10^{-3}\,T - 1.67\times 10^{5} T^{-2})\mathrm{d}T$$

$$\Delta H = 2\times\left[30.0\times 75 + \frac{4.18}{2}\times 10^{-3}(373^{2} - 298^{2}) + 1.67\times 10^{5}\left(\frac{1}{373} - \frac{1}{298}\right)\right]$$

$$= 2\times(2250 + 105.2 - 114.6)$$
$$= 4481.2 \text{ (J)}$$

【第3章】

3.1 まずエンタルピー H の微小変化から，簡単のため閉鎖系の非 pV 仕事がない可逆過程に対して，

$$\mathrm{d}H = \mathrm{d}(U + pV) = \mathrm{d}'q_{\mathrm{rev}} + \mathrm{d}'w_{\mathrm{rev}} + \mathrm{d}(pV)$$
$$= T\mathrm{d}S - p\mathrm{d}V + V\mathrm{d}p + p\mathrm{d}V = T\mathrm{d}S + V\mathrm{d}p$$

これは H が S と p の関数であることを示しており，その全微分 $\mathrm{d}H$ をとると，

$$\mathrm{d}H = \left(\frac{\partial H}{\partial S}\right)_{p}\mathrm{d}S + \left(\frac{\partial H}{\partial p}\right)_{S}\mathrm{d}p$$

とも書け，両式を対応させると，

$$\left(\frac{\partial H}{\partial S}\right)_{p} = T,$$

$$\left(\frac{\partial H}{\partial p}\right)_{S} = V$$

$$\left(\frac{\partial T}{\partial p}\right)_{S} = \left(\frac{\partial}{\partial p}\left(\frac{\partial H}{\partial S}\right)_{p}\right)_{S} = \left(\frac{\partial}{\partial S}\left(\frac{\partial H}{\partial p}\right)_{S}\right)_{p} = \left(\frac{\partial V}{\partial S}\right)_{p}$$

すなわち

$$\left(\frac{\partial T}{\partial p}\right)_{S} = \left(\frac{\partial V}{\partial S}\right)_{p}$$

次にヘルムホルツエネルギー A の微小変化から，

$$\mathrm{d}A = \mathrm{d}U - \mathrm{d}(TS) = \mathrm{d}'q_{\mathrm{rev}} + \mathrm{d}'w_{\mathrm{rev}} - \mathrm{d}(TS) = T\mathrm{d}S - p\mathrm{d}V - S\mathrm{d}T - T\mathrm{d}S$$
$$= -p\mathrm{d}V - S\mathrm{d}T$$

これは A が V と T の関数であることを示しており，その全微分 $\mathrm{d}A$ をとると，

$$\mathrm{d}A = \left(\frac{\partial A}{\partial V}\right)_{T}\mathrm{d}V + \left(\frac{\partial A}{\partial T}\right)_{V}\mathrm{d}T$$

とも書け，両式を対応させると，

$$\left(\frac{\partial A}{\partial V}\right)_{T} = -p$$

$$\left(\frac{\partial A}{\partial T}\right)_V = -S$$

$$\left(\frac{\partial p}{\partial T}\right)_V = \left(\frac{\partial}{\partial T}\left(-\left(\frac{\partial A}{\partial V}\right)_T\right)\right)_V = -\left(\frac{\partial}{\partial V}\left(\frac{\partial A}{\partial T}\right)_V\right)_T = -\left(\frac{\partial(-S)}{\partial V}\right)_T = \left(\frac{\partial S}{\partial V}\right)_T$$

すなわち，次式を得る．

$$\left(\frac{\partial p}{\partial T}\right)_V = \left(\frac{\partial S}{\partial V}\right)_T$$

3.2 例題 3.5 の答えから，$\Delta_{\text{mix}}S = [n_A R \ln\{(V_A + V_B)/V_A\} + n_B R \ln\{(V_A + V_B)/V_B\}] = nx_A R \ln\{(V_A + V_B)/V_A\} + nx_B R \ln\{(V_A + V_B)/V_B\}$ であり（x_A と x_B は理想気体 A と B のモル分率），$\{(V_A + V_B)/V_A\} = 1/x_A$，$\{(V_A + V_B)/V_B\} = 1/x_B$ である．これらを代入すると，式 (3.65) となる（式 (3.65) では $pV_A = n_A RT$，$pV_B = n_B RT$ と混合前の気体の圧力を等しくおいているので，例題 3.5 の方が一般性のある答えである）．

3.3 (a) 最終温度を T とおき銅の単位グラム当たりの熱容量を C とおくと，100 ℃ の銅 30 g が失う熱と 25 ℃ の銅 20 g が得る熱は等しいから

$$(100\text{ ℃} - T) \times C \times 30\text{ g} = (T - 20\text{ ℃}) \times C \times 20\text{ g}$$

が成り立ち，

$$T = (3400\text{ ℃ g})/50\text{ g} = 68\text{ ℃}$$

(b) 実際の行程とは別に最終状態が同じになる準静的な可逆過程を考えると，式 (3.2)′ の $dS = d'q_{\text{rev}}/T$ が使える．100 ℃ の銅 30 g が温度 T から $T + dT$ に変化するときのエントロピー変化は $dS = 30\text{ g} \times (24.4\text{ J K}^{-1}\text{ mol}^{-1}/63.5\text{ g mol}^{-1}) \times dT/T$ と書ける．これを 100 ℃ から 68 ℃ まで積分すればよい．同様のことを 20 ℃ の銅 20 g に対しても行えば，全行程のエントロピー変化は

$$\begin{aligned}
\Delta S &= \int_{373.15\text{ K}}^{341.15\text{ K}} 30\text{ g} \times \frac{24.4\text{ J K}^{-1}\text{ mol}^{-1}}{63.5\text{ g mol}^{-1}} \times \frac{dT}{T} \\
&\quad + \int_{293.15\text{ K}}^{341.15\text{ K}} 20\text{ g} \times \frac{24.4\text{ J K}^{-1}\text{ mol}^{-1}}{63.5\text{ g mol}^{-1}} \times \frac{dT}{T} \\
&= 30 \times \left(\frac{24.4}{63.5}\right)\text{J K}^{-1} \ln\frac{341.15\text{ K}}{373.15\text{ K}} + 20 \times \left(\frac{24.4}{63.5}\right)\text{J K}^{-1} \ln\frac{341.15\text{ K}}{293.15\text{ K}} \\
&= 0.131802339\cdots\text{ J K}^{-1} = 0.13\text{ J K}^{-1}
\end{aligned}$$

と求まる．

3.4 (a) $\Delta_r H^{\ominus} = \Delta_f H^{\ominus}(\text{N}_2\text{O}_4(\text{g})) - 2\Delta_f H^{\ominus}(\text{NO}_2(\text{g})) = -57.1\text{ kJ mol}^{-1}$

$\Delta_r S^{\ominus} = S_m^{\ominus}(\text{N}_2\text{O}_4(\text{g})) - 2S_m^{\ominus}(\text{NO}_2(\text{g})) = -175.6\text{ J K}^{-1}\text{ mol}^{-1}$

$\Delta_r G^{\ominus} = \Delta_r H^{\ominus} - 298.15\text{ K} \times \Delta_r S^{\ominus} = -4.74486\text{ kJ mol}^{-1} = -4.7\text{ kJ mol}^{-1}$

(b) $\Delta_r C_{p,m}^{\ominus} = 77.3\text{ J K}^{-1}\text{ mol}^{-1} - 2 \times 37.9\text{ J K}^{-1}\text{ mol}^{-1} = 1.5\text{ J K}^{-1}\text{ mol}^{-1}$

$$\Delta_r H^{\ominus}(100\text{ ℃}) = \Delta_r \left[H^{\ominus}(25\text{ ℃}) + \int_{25\text{℃}}^{100\text{℃}} C_{p,m}^{\ominus} dT\right]$$

演習問題解答

$$= \Delta_r H^\ominus(25\,°C) + \Delta_r C_{p,m}^\ominus \times (100\,°C - 25\,°C)$$
$$= -57.1\,\text{kJ mol}^{-1} + 1.5\,\text{J K}^{-1}\,\text{mol}^{-1} \times 75\,\text{K}$$
$$= -56.9875\,\text{J K}^{-1}\,\text{mol}^{-1}$$
$$= -57.0\,\text{J K}^{-1}$$

(c) $\Delta_r G^\ominus < 0$ なので生成系への反応が自発的である．

3.5 問題 3.4 の (a) の答えより，

$$K(25\,°C) = \exp - \frac{\Delta_r G^\ominus}{RT}$$
$$= \exp - \frac{-4.745 \times 10^3\,\text{J mol}^{-1}}{8.314\,\text{J K}^{-1}\,\text{mol}^{-1} \times 298.15\,\text{K}}$$
$$= 6.781633103\cdots = 6.8.$$
$$\ln K(25\,°C) = \ln(6.782) = 1.914272044\cdots = 1.914$$

$K(100\,°C)$ については，式 (3.79) を用いると，

$$\ln K(100\,°C) = \ln K(25\,°C) - \frac{-57.1\,\text{kJ mol}^{-1}}{8.314\,\text{J K}^{-1}\,\text{mol}^{-1}} \times \left(\frac{1}{373.15\,\text{K}} - \frac{1}{298.15\,\text{K}}\right)$$
$$= 1.914 - 4.629873145\cdots = -2.716.$$
$$K(100\,°C) = e^{\ln K(100\,°C)} = 0.066138781\cdots = 0.066.$$

あるいは，

$$\Delta_r S^\ominus(100\,°C) = \Delta_r \left[S^\ominus(25\,°C) + \int_{25\,°C}^{100\,°C} C_{p,m}^\ominus \frac{dT}{T} \right]$$
$$= \Delta_r S^\ominus(25\,°C) + \Delta_r C_{p,m}^\ominus \times \ln\frac{373.15\,\text{K}}{298.15\,\text{K}}$$
$$= -175.6\,\text{J K}^{-1}\,\text{mol}^{-1} + 0.336575652\cdots\,\text{J K}^{-1}\,\text{mol}^{-1}$$
$$= -175.2634243\cdots\,\text{J K}^{-1}\,\text{mol}^{-1}$$
$$= -175.3\,\text{J K}^{-1}\,\text{mol}^{-1}$$
$$\Delta_r G^\ominus(100\,°C) = \Delta_r H^\ominus(100\,°C) - 373.15\,\text{K} \times \Delta_r S^\ominus(100\,°C)$$
$$= -57.0\,\text{kJ mol}^{-1} - 373.15\,\text{K} \times (-175.3\,\text{J K}^{-1}\,\text{mol}^{-1})$$
$$= 8.413195\,\text{kJ mol}^{-1}$$
$$= 8.413\,\text{kJ mol}^{-1}$$
$$K(100\,°C) = \exp - \frac{8.413 \times 10^3\,\text{J mol}^{-1}}{8.314\,\text{J K}^{-1}\,\text{mol}^{-1} \times 373.15\,\text{K}}$$
$$= 0.066417245\cdots = 0.066$$

$K(25\,°C) = 6.8$ から $K(100\,°C) = 0.066$ は，原系側への平衡移動を示している．ルシャトリエの原理に従えば，発熱反応において温度を上げると吸熱方向，すなわち原系側へと平衡移動するという定性的な理解が得られ，上の結果はこれと一致している．

3.6 (1)

負極　　　$Pb + SO_4^{2-} \rightarrow PbSO_4 + 2e^-$
正極　　　$Hg_2SO_4 + 2e^- \rightarrow 2Hg + SO_4^{2-}$
―――――――――――――――――――――――――
全電池反応　$Pb + Hg_2SO_4 \rightleftarrows PbSO_4 + 2Hg$

(2) $n = 2$ より，

$\Delta G = -nFE = -2 \times 96485\,\text{C mol}^{-1} \times 0.965 \times 10^{-3}\,\text{V}$
　　　$= -186.2\,\text{kJ mol}^{-1}$

$\Delta H = -nFE + nFT\left(\dfrac{\partial E}{\partial T}\right)_p$
　　　$= -186.2\,\text{kJ mol}^{-1} + 2 \times 96485\,\text{C mol}^{-1} \times 298\,\text{K} \times 1.74 \times 10^{-4} \times 10^{-3}\,\text{V K}^{-1}$
　　　$= -176.2\,\text{kJ mol}^{-1}$

$\Delta S = nF\left(\dfrac{\partial E}{\partial T}\right)_p$
　　　$= 2 \times 96485\,\text{C mol}^{-1} \times 1.74 \times 10^{-4}\,\text{V K}^{-1}$
　　　$= 33.0\,\text{J K}^{-1}\,\text{mol}^{-1}$

3.7 リチウムイオン二次電池の代表的な構成

　負　極：炭素（グラファイト）
　正　極：$LiCoO_2$
　電解液：$LiPF_6$ を含む有機電解液
　　　　$\ominus$ C(Li) | 有機溶媒 + $LiPF_6$ | $LiCoO_2$ $\oplus$
　初充電反応

$$LiCoO_2 + C \xrightarrow{\text{充電}} Li_{1-x}CoO_2 + Li_xC$$

　正極充放電反応

$$Li_{1-x}CoO_2 + xLi^+ \underset{\text{充電}}{\overset{\text{放電}}{\rightleftarrows}} LiCoO_2$$

　負極充放電反応

$$Li_xC \underset{\text{充電}}{\overset{\text{放電}}{\rightleftarrows}} C + xLi^+$$

　全充放電反応

$$Li_{1-x}CoO_2 + Li_xC \underset{\text{充電}}{\overset{\text{放電}}{\rightleftarrows}} LiCoO_2 + C$$

　　($E = 3.6\,\text{V}$)

Li^+ イオンが C と $LiCoO_2$ に挿入，脱離を繰り返すことによって，充放電が起こる．

【第4章】

4.1 モル分率 $x_{ショ糖} = 2.6 \times 10^{-4}$，質量モル濃度 $b_{ショ糖} = 1.5 \times 10^{-2}\,\text{mol kg}^{-1}$（$= x_{ショ糖}/$(0.0180 kg mol^{-1})），モル濃度 $c_{ショ糖} = 1.5 \times 10^{-2}\,\text{mol dm}^{-3}$（$= b_{ショ糖}$）

演習問題解答　　173

4.2 モル分率 $x_{トルエン}=0.715$，モル濃度 $c_{トルエン}=1.90\,\text{mol dm}^{-3}$

4.3 $x_{ベンゼン}=0.116$，式 (4.8) より
$$p=0.116\,(99.8\,\text{kPa}-38.5\,\text{kPa})+38.5\,\text{kPa}=45.6\,\text{kPa}$$

4.4 $K_2'=\dfrac{101\,\text{kPa}}{18.8\,\text{mg}/28.0\,\text{g mol}^{-1}/1\,\text{kg}}=151\,\text{MPa kg mol}^{-1}$

4.5 $\Delta T_b = \dfrac{0.513\,\text{K kg mol}^{-1}\{(1.71\,\text{g})/(342\,\text{g mol}^{-1})+(0.90\,\text{g})/(180\,\text{g mol}^{-1})\}}{0.100\,\text{kg}}$
$=0.051\,\text{K}$

4.6 $a_{シクロヘキサン}=\dfrac{20.434\,\text{kPa}}{24.645\,\text{kPa}}=0.82913$

$\gamma_{シクロヘキサン}=\dfrac{0.82913}{1-0.18350}=1.0155$

4.7 状態図は図 4.7 を参照せよ．$F=0$ は点 o．$F=1$ は線分 oa, ob, oc 上．$F=2$ はそれ以外の部分．

4.8 $\ln\dfrac{p}{\text{bar}}=-\dfrac{40.67\,\text{kJ mol}^{-1}}{8.314\,\text{J K}^{-1}\text{mol}^{-1}}\left(\dfrac{1}{368.15\,\text{K}}-\dfrac{1}{372.77\,\text{K}}\right)$
$=-0.16468$

したがって，$p=0.8481\,\text{bar}=84.81\,\text{kPa}$

4.9 $\dfrac{液相の全物質量}{気相の全物質量}=\dfrac{0.604-0.5}{0.5-0.383}=0.889$

4.10 4.5.3 項を参照せよ．

【第 5 章】

5.1 5.636×10^{30}

5.2 $dA=-SdT-pdV$ を T 一定（すなわち $dT=0$）で，dV で割る．

5.3 $p=-(\partial A/\partial V)_T$ に $A=-NkT\ln q+NkT(\ln N-1)$ を代入し，T 一定で微分する．NkT は一定なので，
$$p=-\left(\dfrac{\partial A}{\partial V}\right)_T=NkT\left(\dfrac{\partial \ln q}{\partial V}\right)_T$$
となる．

5.4 式 (5.69) より
$$q_t=V\left\{\dfrac{(2\pi mkT)^{3/2}}{h^3}\right\}$$
の自然対数をとり，T 一定で V で微分する．すなわち，$\ln q_t=\ln V+(3/2)\ln 2\pi mkT-\ln h^3$ の微分は
$$\left(\dfrac{\partial \ln q_t}{\partial V}\right)_T=\left(\dfrac{\partial \ln V}{\partial V}\right)_T=\dfrac{1}{V}$$

となり，したがって，
$$p = NkT\left(\frac{1}{V}\right) = \frac{NkT}{V}$$
1 mol では $N=L$ で，$Lk=R$（気体定数）なので，$pV=RT$

参 考 文 献

第1章
1) 西川　勝・渡辺　啓：物理化学の基礎，学術図書出版社（1989）．
2) 吉川甲子郎：化学通論，裳華房（1982）．
3) 原田義也：化学熱力学，裳華房（1984）．
4) 菅　宏：はじめての化学熱力学，岩波書店（1999）．
5) 渡辺　啓：物理化学，サイエンス社（1993）．
6) 杉原剛介・井上　亨・秋貞英雄：化学熱力学中心の基礎物理化学，学術図書出版社（1999）．
7) 松永義夫：入門化学熱力学，朝倉書店（2008）．
8) N. O. Smith 著，大竹伝雄，寺西士一郎訳：化学熱力学，東京化学同人（1977）．
9) R. A. Alberty, R. J. Silbey：Physical Chemistry, John Wiley & Sons.（1997）．
10) R. G. Mortimer：Physical Chemistry, Academic Press（2000）．
11) R. Chang, J. Overby：General Chemistry, McGraw-Hill（2011）．

第2章
1) 西川　勝・渡辺　啓：物理化学の基礎，学術図書出版社（1989）．
2) 吉川甲子郎：化学通論，裳華房（1982）．
3) 原田義也：化学熱力学，裳華房（1984）．
4) 菅　宏：はじめての化学熱力学，岩波書店（1999）．
5) 渡辺　啓：物理化学，サイエンス社（1993）．
6) 杉原剛介・井上　亨・秋貞英雄：化学熱力学中心の基礎物理化学，学術図書出版社（1999）．
7) 松永義夫：入門化学熱力学，朝倉書店（2008）．
8) N. O. Smith 著，大竹伝雄，寺西士一郎訳：化学熱力学，東京化学同人（1977）．
9) R. A. Alberty, R. J. Silbey：Physical Chemistry, John Wiley & Sons.（1997）．
10) R. G. Mortimer：Physical Chemistry, Academic Press（2000）．
11) R. S. Berry, S. A. Rice, J. Ross：Physical Chemistry, John Wiley & Sons.（1980）．
12) H. Kuhn, H-D. Försterling：Principles of Physical Chemistry, John Wiley & Sons.（2000）．
13) W. J. Moore 著，藤代亮一訳：ムーア物理化学（上），東京化学同人（1994）．
14) D. W. Ball 著，田中一義，阿竹徹監訳：ボール物理化学（上），化学同人（2004）．

第3章
1) 原島　鮮：熱力学・統計力学，培風館（1978）．

2) 菅　宏：はじめての化学熱力学，岩波書店（1999）．
3) 阿竹　徹，加藤　直，川路　均，齋藤一弥，横川晴美：熱力学，丸善（2001）．
4) 朝永振一郎：物理学とは何だろうか（上），岩波書店（1979）．
5) W. J. Moore 著，藤代亮一訳：ムーア物理化学（上），東京化学同人（1994）．
6) P. W. Atkins 著，千原秀昭，中村亘男訳：アトキンス物理化学（上），東京化学同人（2001）．
7) D. W. Ball 著，田中一義，阿竹徹監訳：ボール物理化学（上），化学同人（2004）．
8) C. Kittel 著，山下次郎，福地　充訳：キッテル熱物理学，丸善（1971）．
9) R. A. Alberty, R. J. Silbey：Physical Chemistry, John Wiley & Sons（1997）．
10) H. Kuhn, H.-D. Försterling：Principles of Physical Chemistry, John Wiley & Sons（2000）．

第4章

1) 日本化学会編：化学便覧　基礎編-改訂5版，丸善（2004）．
2) A. W. Adamson：A Textbook of Physical Chemistry, 2nd Ed., Academic Press.（1973）．
3) 原田義也：化学熱力学，裳華房（1984）．
4) 渡辺　啓：化学熱力学，サイエンス社（1987）．
5) G. M. Barrow 著，大門　寛，堂免一成訳：バーロー物理化学（上），第6版，東京化学同人（1999）．
6) 吉岡甲子郎：化学 One Point 6 相律と状態図，共立出版（1984）．

第5章

1) K. Nash 著，北原文雄訳：統計熱力学入門，廣川書店（1969）．
2) N. O. Smith 著，小林　宏，岩橋槇夫訳：統計熱力学入門，東京化学同人（1989）．
3) E. B. Smith 著，小林　宏，岩橋槇夫訳：基礎化学熱力学，化学同人（1992）．
4) 小島和夫：入門化学統計熱力学，講談社サイエンティフィク（1990）．
5) 岩橋槇夫，加藤　直，佐々木幸夫，日高久夫：新しい物理化学演習，産業図書（1997）．

第6章

1) サジ・カルノー著，広重　徹訳と解説：カルノー・熱機関の研究，みすず書房（1973）．
2) 広重　徹：新物理学シリーズ5「物理学史Ⅰ」，培風館（1968）．
3) 世界伝記大事典〈世界編〉，ほるぷ出版（McGraw-Hill）（1981）．
4) 世界大百科事典，平凡社（1988）．
5) 日本大百科全書，小学館（1986）．
6) フランク・B・ギブニー編：ブリタニカ国際大百科事典，第2版改定，ティビーエス・ブリタニカ（1993）．

索　引

ア 行

アインシュタインの特性温度　145
圧縮因子　5
圧力-温度図　110
圧力-組成曲線　112
圧力-組成図　110
アレニウスプロット　81

一次電池　82

液相線　110
エネルギー等分配則　14
エネルギー保存の法則　16
エンタルピー　21,137
エントロピー　36

オイラーの交換関係式　18
温度-組成図　110,112
温度変化にともなうエントロピー変化　47

カ 行

外　界　1
　──のエントロピー　38
回　転　24
回転の分配関数　134
開放系　1,67
化学電池　82
化学平衡　74,146
化学ポテンシャル　67,70
可逆過程　19,37,56,57
確　率　120
活　量　77,101
活量係数　101
下部臨界溶液温度　115
カルノー　39,149
カルノーサイクル　39,40

　──の熱効率　41
過　冷　51,105
換算質量　134
完全微分　18

気相線　111
気体の等温体積変化　25
気体の溶解度　98
気体分子運動論　13
起電力とエンタルピー　87
起電力とエントロピー　87
ギブズ　158
　──の相律　103
ギブズエネルギー　56,139
　──の温度変化と圧力変化　64
ギブズ-デュエムの式　69
ギブズ-ヘルムホルツの式　65,66,87
逆転温度　29
吸熱反応　30
凝　縮　93
凝縮曲線　112
共　晶　116
強度因子　2
共沸混合物　114
共沸点　114
共融混合物　116
共融点　116,118
巨視的集合　127
キルヒホッフの式　33
均一系　102

グッゲンハイム　83
区別できない粒子の系の統計熱力学　139
クラウジウス　37,156
　──の原理　37
　──の不等式　39
　──によるエントロピーの定義　37

クラペイロン　151
クラペイロン-クラウジウスの式　107

系　1
　──のエントロピー　38
ゲイ・リュサック　3
　──の法則　3
ケルビン卿　37,157
原子力電池　82
元素の基準状態　58

合成速度　14
固溶体　118
孤立系　1
混合エンタルピー　73
混合エントロピー　46,73
混合ギブズエネルギー　73

サ 行

最大仕事　57
作業物質　40,43
Sackur-Tetrode 式　143
三重点　4,104

示強性の状態量　2
事　象　120
二乗平均　14
自然な変数　60
実在気体　9
　──の化学ポテンシャル　72
質量（重量）分率　9
質量モル濃度　91
自発過程　36,37,56,57
シャルル　3
自由エネルギー　56,57
自由度　103
縮　重　134
縮重度　134
縮　退　134

178　索　引

ジュール　154
　　——の法則　23
ジュール-トムソン係数　29
ジュール-トムソンの実験　28
準静的過程　19
昇華曲線　104
蒸気圧　10,93
蒸気圧曲線　104
蒸気圧降下　99
状態方程式　6
蒸発　93
蒸発エンタルピー　107
蒸発エントロピー　108
蒸発曲線　104
上部臨界溶液温度　114
示量性の状態量　2

スターリングの近似式　129

絶対温度　3
全微視的状態の数　124
全微分　162

相　102
相互溶解度　114
相転移　46
　　——エントロピー　47
　　——温度　46
総熱量保存の法則　31
相平衡　102
束一的性質　98

タ　行

第一種の永久機関　17
第二種の永久機関　36
第二ビリアル係数　6
第二法則　36
第三ビリアル係数　6
第三法則　51
　　——エントロピー　53
体積変化にともなうエントロピー変化　44
太陽電池　82
多　形　51
ダニエル電池　86
断熱系　1
断熱消磁　54
断熱線　27
断熱体積変化　25,26

蓄電池　82
超臨界流体　105

通常沸点　107

定圧過程　20
定圧熱容量　22,137
定容過程　20
定容熱容量　22,137
てこの規則　112
転移エンタルピー　106
転移エントロピー　106
転移体積　106
電気化学ポテンシャル　83
電極電位　83
電池の起電力　85
電池の電気的仕事　85
電池反応のギブズエネルギー変化　87

等温線　3,27
統計的重み　134
統計熱力学　120
等分配　14
トムソンの原理　37
トルートンの規則　108

ナ　行

内　圧　64
内部圧　64
内部エネルギー　17

二酸化炭素の状態図　105
二次電池　82

熱化学方程式　30
熱機関　39
熱　源　39
熱効率　39
熱素説　152
熱容量　22
熱容量比　23
熱力学第一法則　16
熱力学第二法則　37
熱力学的温度　3,157
熱力学的状態方程式　63
ネルンストの式　87,86
ネルンストの熱定理　51,52
ネルンスト-ブランクの定理　52

ハ　行

排除体積　7
配置　127
発熱反応　30
半電池の電位　84
反応エンタルピー　30
反応ギブズエネルギー　75
反応進度　74
反応熱　30
反応比　76

微視的状態　49,121
　　——の数　121
非pV仕事　58
標準エントロピー　53
標準起電力　86
標準質量モル濃度　98
標準状態　31
標準生成エンタルピー　31
標準生成ギブズエネルギー　58
標準電極電位　85
標準反応エンタルピー　31
標準反応エントロピー　54
標準反応ギブズエネルギー　58
標準沸点　107
ビリアル方程式　5

ファン・デル・ワールス式　6, 63
ファン・デル・ワールス定数　7
ファント・ホッフの式　81
不可逆過程における膨張　25
フガシティー　72
　　——係数　72
不均一系　102
沸点上昇　99
沸点図　112
沸騰曲線　112
物理電池　82
部分モル体積　67
部分モル量　70,67
分子間引力　7
分子振動の分配関数　145
分子分配関数　133
分配関数　146
分　布　121

分留 113

平均二乗速度 14
平衡定数 78, 146
――に対する温度と圧力の影響 79
平衡の条件 57
閉鎖系 1
並進運動エネルギー 14
ヘスの法則 31
ヘルムホルツ 155
――エネルギー 56, 139
偏導関数 160
偏微分係数 160
ヘンリーの法則 96
――の定数 96

ポアッソンの式 27
ボイルの法則 2
ポテンシャル因子 2
ボルツマン 14
――のエントロピーの式 49, 129
ボルツマン定数 49
ボルツマン分布則 138

マ 行

マイヤー 16, 153
――の式 23
マクスウェルの関係式 60, 61
マクロ状態 127

水の状態図 104

モル濃度 91
モル分率 9, 91

ヤ 行

融解曲線 104

溶質 90
容積（体積）分率 9
溶媒 90
容量因子 2

ラ 行

ラウールの法則 93

ラグランジェ 130
ラグランジェ未定乗数法 130
ランフォード 152

理想気体 2
――のエントロピー 143
――の化学ポテンシャル 71
――の状態方程式 4
理想希薄溶液の化学ポテンシャル 96
理想希薄溶液 93
――の化学ポテンシャル 96
粒子分配関数 133
臨界圧力 11
臨界温度 11, 105
臨界現象 10
臨界体積 11, 105
臨界定数 11
臨界点 105
臨界密度 11

ル・シャトリエの原理 79

連結線 111

著者略歴

佐々木幸夫
1945 年　福井県に生まれる
1968 年　東京理科大学理学部応用化学科卒業
現　在　東京工芸大学工学部生命環境化学科
　　　　教授
　　　　理学博士（東京大学）

藤尾克彦
1963 年　岐阜県に生まれる
1991 年　名古屋大学大学院理学研究科
　　　　博士課程単位取得満了
現　在　東海大学理学部化学科准教授
　　　　博士（理学）

佐々木義典
1936 年　青森県に生まれる
1967 年　東京工業大学大学院理工学研究科
　　　　修士課程修了
現　在　千葉大学名誉教授
　　　　工学博士

沓水祥一
1960 年　滋賀県に生まれる
1989 年　京都大学大学院理学研究科
　　　　博士後期課程研究指導認定退学
現　在　岐阜大学工学部応用化学科教授
　　　　理学博士

岩橋槙夫
1946 年　福岡県に生まれる
1970 年　東京都立大学大学院理学研究科
　　　　修士課程修了
現　在　北里大学理学部化学科教授
　　　　理学博士

応用化学シリーズ 8

化学熱力学

定価はカバーに表示

2011 年 4 月 20 日　初版第 1 刷
2020 年 3 月 25 日　　　第 2 刷

著　者　佐　々　木　幸　夫
　　　　沓　水　祥　一
　　　　藤　尾　克　彦
　　　　岩　橋　槙　夫
　　　　佐　々　木　義　典
発行者　朝　倉　誠　造
発行所　株式会社　朝　倉　書　店
　　　　東京都新宿区新小川町 6-29
　　　　郵便番号　１６２-８７０７
　　　　電話　03(3260)0141
　　　　FAX　03(3260)0180
　　　　http://www.asakura.co.jp

〈検印省略〉

© 2011 〈無断複写・転載を禁ず〉

真興社・渡辺製本

ISBN 978-4-254-25588-1　C 3358　　Printed in Japan

JCOPY <出版者著作権管理機構　委託出版物>

本書の無断複写は著作権法上での例外を除き禁じられています。複写される場合は、そのつど事前に、出版者著作権管理機構（電話 03-5244-5088, FAX 03-5244-5089, e-mail: info@jcopy.or.jp）の許諾を得てください。

好評の事典・辞典・ハンドブック

物理データ事典 日本物理学会 編 B5判 600頁
現代物理学ハンドブック 鈴木増雄ほか 訳 A5判 448頁
物理学大事典 鈴木増雄ほか 編 B5判 896頁
統計物理学ハンドブック 鈴木増雄ほか 訳 A5判 608頁
素粒子物理学ハンドブック 山田作衛ほか 編 A5判 688頁
超伝導ハンドブック 福山秀敏ほか 編 A5判 328頁
化学測定の事典 梅澤喜夫 編 A5判 352頁
炭素の事典 伊与田正彦ほか 編 A5判 660頁
元素大百科事典 渡辺 正 監訳 B5判 712頁
ガラスの百科事典 作花済夫ほか 編 A5判 696頁
セラミックスの事典 山村 博ほか 監修 A5判 496頁
高分子分析ハンドブック 高分子分析研究懇談会 編 B5判 1268頁
エネルギーの事典 日本エネルギー学会 編 B5判 768頁
モータの事典 曽根 悟ほか 編 B5判 520頁
電子物性・材料の事典 森泉豊栄ほか 編 A5判 696頁
電子材料ハンドブック 木村忠正ほか 編 B5判 1012頁
計算力学ハンドブック 矢川元基ほか 編 B5判 680頁
コンクリート工学ハンドブック 小柳 洽ほか 編 B5判 1536頁
測量工学ハンドブック 村井俊治 編 B5判 544頁
建築設備ハンドブック 紀谷文樹ほか 編 B5判 948頁
建築大百科事典 長澤 泰ほか 編 B5判 720頁

価格・概要等は小社ホームページをご覧ください.